# 复变函数

杨善兵　主编

司建东　黄素珍　黄琼伟　陈万勇　编

清华大学出版社

北京

## 内 容 简 介

本教材介绍复变函数的基本概念、基本理论和方法,并结合计算机,使学生能利用数学软件解决一些简单的与复变函数有关的计算问题. 内容包括复变函数、解析函数、复积分、复级数、留数、共形映射和 MATLAB 在复变函数中的应用等. 每章均有习题,供学生练习之用.

本教材可作为工科类各专业本科学生的教材和相关教师的教学参考书.

**图书在版编目(CIP)数据**

复变函数/杨善兵主编.—北京:清华大学出版社,2016(2024.8重印)
ISBN 978-7-302-42932-6

I.①复… Ⅱ.①杨… Ⅲ.①复变函数–高等学校–教材 Ⅳ.①O174.5

中国版本图书馆 CIP 数据核字 (2016) 第 030871 号

责任编辑:佟丽霞
封面设计:常雪影
责任校对:王淑云
责任印制:宋 林

出版发行:清华大学出版社
　　　　网　　　址:https://www.tup.com.cn, https://www.wqxuetang.com
　　　　地　　　址:北京清华大学学研大厦 A 座　　　邮　　编:100084
　　　　社 总 机:010–83470000　　　　　　　　　邮　　购:010-62786544
　　　　投稿与读者服务:010-62776969, c-service@tup.tsinghua.edu.cn
　　　　质量反馈:010-62772015, zhiliang@tup.tsinghua.edu.cn
印 装 者:三河市少明印务有限公司
经　　销:全国新华书店
开　　本:170mm×230mm　　印　张:10.75　　字　数:198 千字
版　　次:2016 年 6 月第 1 版　　印　次:2024 年 8 月第 10 次印刷
定　　价:29.80 元

产品编号:067058-02

# 前　　言

本教材是根据《复变函数课程教学基本要求》而编写的，内容增加了现代计算机技术在复变函数中的应用. 编写过程突出了复变函数这门课程的基本数学思想和方法，力求做到内容简明扼要、便于学习和适应新形势的教改要求. 在各章节的内容阐述中，尽力做到科学性和通俗性相结合，在内容的处理上也尽力做到由具体到一般，由浅入深，循序渐进.

本教材由杨善兵主编，第1、7章由黄素珍撰写，第2、6章由司建东撰写，第5章由司建东和杨善兵合撰，第3章由黄琼伟撰写，第4章由杨善兵撰写，全书由杨善兵统稿和定稿. 对于教材中所引用之处，我们表示由衷的感谢. 由于编者的水平有限，对于教材中不当之处请广大读者提出宝贵意见. 我们希望借助本教材培养和提高学生的数学修养，更有利于复变函数课程的教学改革.

本教材的出版得到了盐城工学院教材基金的资助，在此表示感谢！

编　者

2015 年 10 月

# 目　　录

# 第1章 复数与复变函数

自变量为复数的函数就是复变函数，它是本课程的研究对象. 由于在中学阶段已经学过复数的概念和基本运算，本章将在原有的基础上作简要的复习和补充；再介绍复平面上的区域以及复变函数的极限与连续性等概念，为进一步研究解析函数的理论和方法奠定必要的基础.

## 1.1 复数及其代数运算

### 1.1.1 复数的概念

设 $x$, $y$ 为两个实数，则

$$z = x + iy \quad (\text{或 } x + yi)$$

表示复数，这里 i 为**虚数单位**，具有性质 $i^2 = -1$. $x$ 及 $y$ 分别叫做 $z$ 的**实部**与**虚部**，记为

$$x = \text{Re}(z), \quad y = \text{Im}(z).$$

虚部为零的复数为实数，即 $x + 0 \cdot i = x$. 因此，全体实数是全体复数的一子集. 实部为零且虚部不为零的复数称为**纯虚数**.

如果两复数的实部和虚部分别相等，则称**两复数相等**. 由此得出，对于复数 $z = x + iy$，当且仅当 $x = y = 0$ 时，$z = 0$.

设 $z = x + iy$ 是一个复数，称 $x - iy$ 为 $z$ 的**共轭复数**，记作 $\bar{z}$. 显然，一个实数 $x$ 的共轭复数还是 $x$.

### 1.1.2 复数的四则运算

设 $z_1 = x_1 + iy_1$, $z_2 = x_2 + iy_2$，则它们的加法、减法和乘法运算定义如下：

$$z_1 + z_2 = (x_1 + iy_1) + (x_2 + iy_2) = (x_1 + x_2) + i(y_1 + y_2), \tag{1.1.1}$$

$$z_1 - z_2 = (x_1 + iy_1) - (x_2 + iy_2) = (x_1 - x_2) + i(y_1 - y_2), \tag{1.1.2}$$

$$z_1 \cdot z_2 = (x_1 + iy_1)(x_2 + iy_2) = (x_1 x_2 - y_1 y_2) + i(x_1 y_2 + x_2 y_1), \tag{1.1.3}$$

若 $z_2 \neq 0$，则

$$\frac{z_1}{z_2} = \frac{x_1 + iy_1}{x_2 + iy_2} = \frac{(x_1 + iy_1)(x_2 - iy_2)}{(x_2 + iy_2)(x_2 - iy_2)} = \frac{x_1 x_2 + y_1 y_2}{x_2^2 + y_2^2} + i \frac{x_2 y_1 - x_1 y_2}{x_2^2 + y_2^2}. \tag{1.1.4}$$

由式(1.1.1)～式(1.1.4)知，复数经过四则运算仍是复数.不难证明，复数的加法、减法和乘法运算满足如下运算规律：

（1） $z_1 + z_2 = z_2 + z_1$ ， $z_1 \cdot z_2 = z_2 \cdot z_1$ ；

（2） $z_1 + z_2 + z_3 = (z_1 + z_2) + z_3 = z_1 + (z_2 + z_3)$ ， $z_1 \cdot z_2 \cdot z_3 = (z_1 \cdot z_2) \cdot z_3 = z_1 \cdot (z_2 \cdot z_3)$ ；

（3） $z_1 \cdot (z_2 + z_3) = z_1 \cdot z_2 + z_1 \cdot z_3$ .

共轭复数有如下性质：

（1） $\overline{z_1 \pm z_2} = \overline{z_1} \pm \overline{z_2}$ ， $\overline{z_1 \cdot z_2} = \overline{z_1} \cdot \overline{z_2}$ ， $\overline{\left(\dfrac{z_1}{z_2}\right)} = \dfrac{\overline{z_1}}{\overline{z_2}}$ ；

（2） $\overline{\overline{z}} = z$ ；

（3） $z \cdot \overline{z} = \left[\operatorname{Re}(z)\right]^2 + \left[\operatorname{Im}(z)\right]^2$ ；

（4） $z + \overline{z} = 2\operatorname{Re}(z)$ ， $z - \overline{z} = 2\mathrm{i}\operatorname{Im}(z)$ .

上述性质请读者自己证明.

**例 1.1.1** 设 $z_1 = 5 - 5\mathrm{i}$ ， $z_2 = -3 + 4\mathrm{i}$ ，求 $\dfrac{z_1}{z_2}$ 和 $\overline{\left(\dfrac{z_1}{z_2}\right)}$ .

**解** $\dfrac{z_1}{z_2} = \dfrac{5 - 5\mathrm{i}}{-3 + 4\mathrm{i}} = \dfrac{(5 - 5\mathrm{i})(-3 - 4\mathrm{i})}{(-3 + 4\mathrm{i})(-3 - 4\mathrm{i})} = \dfrac{(-15 - 20) + \mathrm{i}(15 - 20)}{25} = -\dfrac{7}{5} - \dfrac{1}{5}\mathrm{i}$ ，

$\overline{\left(\dfrac{z_1}{z_2}\right)} = -\dfrac{7}{5} + \dfrac{1}{5}\mathrm{i}$ .

**例 1.1.2** 设 $z = -\dfrac{1}{\mathrm{i}} - \dfrac{3\mathrm{i}}{1 - \mathrm{i}}$ ，求 $\operatorname{Re}(z)$ ， $\operatorname{Im}(z)$ 和 $z \cdot \overline{z}$ .

**解** 因为

$$z = -\dfrac{1}{\mathrm{i}} - \dfrac{3\mathrm{i}}{1 - \mathrm{i}} = -\dfrac{1 \cdot (-\mathrm{i})}{\mathrm{i} \cdot (-\mathrm{i})} - \dfrac{3\mathrm{i} \cdot (1 + \mathrm{i})}{(1 - \mathrm{i}) \cdot (1 + \mathrm{i})} = \mathrm{i} - \left(-\dfrac{3}{2} + \dfrac{3}{2}\mathrm{i}\right) = \dfrac{3}{2} - \dfrac{1}{2}\mathrm{i}$$ ，

所以

$$\operatorname{Re}(z) = \dfrac{3}{2}, \quad \operatorname{Im}(z) = -\dfrac{1}{2},$$

$$z \cdot \overline{z} = \left(\dfrac{3}{2}\right)^2 + \left(-\dfrac{1}{2}\right)^2 = \dfrac{5}{2}.$$

**例 1.1.3** 设 $z_1 = x_1 + \mathrm{i}y_1$ ， $z_2 = x_2 + \mathrm{i}y_2$ 为两个任意复数，证明：

$$z_1 \cdot \overline{z_2} + \overline{z_1} \cdot z_2 = 2\operatorname{Re}(z_1 \cdot \overline{z_2}).$$

证 $\quad z_1 \cdot \overline{z_2} + \overline{z_1} \cdot z_2 = (x_1 + \mathrm{i}y_1)(x_2 - \mathrm{i}y_2) + (x_1 - \mathrm{i}y_1)(x_2 + \mathrm{i}y_2)$

$$= (x_1 x_2 + y_1 y_2) + \mathrm{i}(x_2 y_1 - x_1 y_2) + (x_1 x_2 + y_1 y_2) - \mathrm{i}(x_2 y_1 - x_1 y_2)$$
$$= 2(x_1 x_2 + y_1 y_2)$$
$$= 2\operatorname{Re}(z_1 \cdot \overline{z_2})$$

或

$$z_1 \cdot \overline{z_2} + \overline{z_1} \cdot z_2 = z_1 \cdot \overline{z_2} + \overline{(z_1 \cdot \overline{z_2})} = 2\operatorname{Re}(z_1 \cdot \overline{z_2}).$$

## 1.2 复数的几何表示

### 1.2.1 用平面上的点和向量表示复数

由于一个复数 $z = x + \mathrm{i}y$ 由一对有序实数 $(x, y)$ 唯一确定，所以对于平面上给定的直角坐标系，复数的全体与该平面上点的全体成一一对应关系，从而复数 $z = x + \mathrm{i}y$ 可以用该平面上坐标为 $(x, y)$ 的点来表示，这是复数的一个常用表示方法. 如图 1.2.1 所示，点 $P$ 表示复数 $-2 + 3\mathrm{i}$，其余的点分别表示复数 $0$，$\mathrm{i}$，$2 + 2\mathrm{i}$，$-4 - 3\mathrm{i}$. 此时 $x$ 轴称为**实轴**，$y$ 轴称为**虚轴**，两轴所在的平面称为**复平面**或 $z$ **平面**. 这样，复数与复平面上的点成一一对应，并且把"点 $z$"作为"数 $z$"的同义词，从而使我们能借助于几何语言和方法研究复变函数的问题，也为复变函数应用于实际奠定了基础. 由以上意义，易知一个复数与它的共轭复数在复平面上的点关于实轴对称(如图 1.2.2 所示).

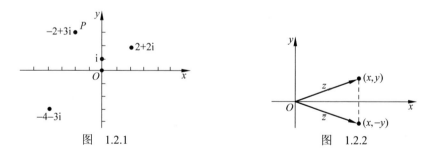

图 1.2.1 图 1.2.2

**例 1.2.1** 假设质量分别为 $m_1, m_2, \cdots, m_n$ 的 $n$ 个质点分别位于复平面上 $z_1, z_2, \cdots, z_n$ 处，求该系统的质心.

**解** 设 $z_k = x_k + y_k \mathrm{i}\ (k = 1, 2, \cdots, n)$，$M = \sum_{k=1}^{n} m_k$ 为总质量. 易知，所给系统的质心坐标 $(\hat{x}, \hat{y})$ 为

$$\hat{x} = \frac{\sum\limits_{k=1}^{n} m_k x_k}{M} \ , \quad \hat{y} = \frac{\sum\limits_{k=1}^{n} m_k y_k}{M} \ ,$$

从而，质心点为

$$\hat{z} = \hat{x} + \hat{y}\mathrm{i} = \frac{\sum\limits_{k=1}^{n} m_k x_k}{M} + \frac{\sum\limits_{k=1}^{n} m_k y_k}{M}\mathrm{i} = \frac{\sum\limits_{k=1}^{n} m_k \left( x_k + y_k \mathrm{i} \right)}{M} = \frac{\sum\limits_{k=1}^{n} m_k z_k}{M} .$$

在复平面上，复数 $z$ 还与从原点指向点 $z = x + \mathrm{i}y$ 的平面向量一一对应，因此复数 $z$ 也能用向量 **$OP$** 来表示(图 1.2.3). 今后把 "复数 $z$" 与其对应的 "向量 $z$" 也视为同义词.

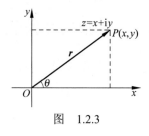

图　1.2.3

在物理学中，力、速度、加速度等都可用向量表示，说明复数可以用来表示实际的物理量，如例 1.2.1.

## 1.2.2　模和辐角

向量 **$OP$** 的长度称为 $z$ 的**模**或**绝对值**，记作 $|z|$，即

$$|z| = r = \sqrt{x^2 + y^2} .$$

读者容易明白这里以几何意义定义的复数的模与前面的定义是一致的. 显然，下列各式成立：

$$|x| \leqslant |z| \ , \quad |y| \leqslant |z| \ ,$$
$$|z| \leqslant |x| + |y| \ ,$$
$$z\bar{z} = |z|^2 = |z^2| .$$

在 $z \neq 0$ 的情况下，从实轴正向转到与向量 **$OP$** 方向一致时所成的角度 $\theta$ 叫做复数的**辐角**，记作 $\mathrm{Arg}\, z$.

复数 0 的模为零，即 $|0| = 0$，其辐角是不确定的.

任何不为零的复数 $z$ 的辐角 $\mathrm{Arg}\, z$ 均有无穷多个值，彼此之间相差 $2\pi$ 的整数倍. 通常把满足 $-\pi < \theta_0 \leqslant \pi$ 的辐角值 $\theta_0$ 称为 $\mathrm{Arg}\, z$ 的**主值**，记为 $\arg z$，于是

$$\mathrm{Arg}\, z = \arg z + 2k\pi \quad (k = 0, \pm 1, \pm 2, \cdots).$$

辐角主值 $\arg z \ (z \neq 0)$ 可以由反正切 $\mathrm{Arc}\tan \dfrac{y}{x}$ 的主值 $\arctan \dfrac{y}{x}$ 按下列关系

来确定（如图 1.2.4 所示）：

$$\arg z = \begin{cases} \arctan\dfrac{y}{x}, z\text{在第一、四象限}, \\[2mm] \arctan\dfrac{y}{x}+\pi, \ z\text{在第二象限}, \\[2mm] \arctan\dfrac{y}{x}-\pi, \ z\text{在第三象限}, \\[2mm] \dfrac{\pi}{2}, \ x=0, y>0, \\[2mm] -\dfrac{\pi}{2}, x=0, y<0, \\[2mm] 0, x>0, y=0, \\[2mm] \pi, x<0, y=0, \end{cases}$$

其中 $-\dfrac{\pi}{2}<\arctan\dfrac{y}{x}<\dfrac{\pi}{2}$.

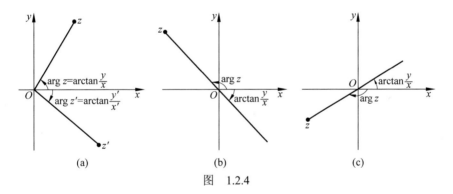

图 1.2.4

**例 1.2.2** 求下列各复数的模及辐角.

（1）i ； （2）$-1$ ； （3）$1+i$ ； （4）$-1+i$ .

**解** 由 $z$ 平面上的对应点的位置，可以看出

（1）$\left|i\right|=1$，$\arg i=\dfrac{\pi}{2}$，$\operatorname{Arg} i=\dfrac{\pi}{2}+2k\pi\ (k=0,\pm1,\pm2,\cdots)$；

（2）$\left|-1\right|=1$，$\arg(-1)=\pi$，$\operatorname{Arg}(-1)=\pi+2k\pi\ (k=0,\pm1,\pm2,\cdots)$；

（3）$\left|1+i\right|=\sqrt{1^2+1^2}=\sqrt{2}$，$\arg(1+i)=\dfrac{\pi}{4}$，$\operatorname{Arg}(1+i)=\dfrac{\pi}{4}+2k\pi(k=0,\pm1,\pm2,\cdots)$；

（4）$\left|-1+i\right|=\sqrt{2}$，$\arg(-1+i)=\dfrac{3\pi}{4}$，$\operatorname{Arg}(-1+i)=\dfrac{3\pi}{4}+2k\pi\ (k=0,\pm1,\pm2,\cdots)$.

**例 1.2.3**　设 $z_1$，$z_2$ 为两个任意复数，证明：

（1）$\left|z_1\bar{z}_2\right|=\left|z_1\right|\left|z_2\right|$；

（2）$\left|z_1+z_2\right|\leqslant\left|z_1\right|+\left|z_2\right|$.

**证**　（1）$\left|z_1\bar{z}_2\right|=\sqrt{\left(z_1\bar{z}_2\right)\overline{\left(z_1\bar{z}_2\right)}}=\sqrt{\left(z_1\bar{z}_2\right)\left(\bar{z}_1z_2\right)}$

$$=\sqrt{\left(z_1\bar{z}_1\right)\left(z_2\bar{z}_2\right)}=\left|z_1\right|\left|z_2\right|.$$

（2）　　　$\left|z_1+z_2\right|^2=\left(z_1+z_2\right)\overline{\left(z_1+z_2\right)}$

$$=\left(z_1+z_2\right)\left(\bar{z}_1+\bar{z}_2\right)$$

$$=z_1\bar{z}_1+z_2\bar{z}_2+z_2\bar{z}_1+z_1\bar{z}_2.$$

由 1.1 节中的例 1.1.3，$z_1\cdot\overline{z_2}+\overline{z_1}\cdot z_2=2\operatorname{Re}\left(z_1\cdot\overline{z_2}\right)$，所以

$$\left|z_1+z_2\right|^2=\left|z_1\right|^2+\left|z_2\right|^2+2\operatorname{Re}\left(z_1\bar{z}_2\right)$$

$$\leqslant\left|z_1\right|^2+\left|z_2\right|^2+2\left|z_1\bar{z}_2\right|$$

$$=\left|z_1\right|^2+\left|z_2\right|^2+2\left|z_1\right|\left|z_2\right|$$

$$=\left(\left|z_1\right|+\left|z_2\right|\right)^2.$$

对上式两边开方，就得到所要证明的三角不等式.

利用直角坐标与极坐标的关系

$$x=r\cos\theta,\quad y=r\sin\theta,$$

还可以把 $z$ 表示成下面的形式：

$$z=r\left(\cos\theta+\mathrm{i}\sin\theta\right)$$

称为复数的**三角表示式**.

再利用欧拉公式：$\mathrm{e}^{\mathrm{i}\theta}=\cos\theta+\mathrm{i}\sin\theta$，我们又可以得到

$$z=r\mathrm{e}^{\mathrm{i}\theta},$$

这种表示形式称为复数的**指数表示式**.

复数的各种表示法可以相互转换，以适应讨论不同问题时的需要.

**例 1.2.4**　将复数 $z=1-\sqrt{3}\,\mathrm{i}$ 分别化为三角表示式和指数表示式.

**解**　显然，$r=\left|z\right|=\sqrt{1^2+\left(-\sqrt{3}\right)^2}=2$. 由于 $z$ 在第四象限，所以

$$\theta=\arctan\frac{-\sqrt{3}}{1}=-\frac{\pi}{3}.$$

因此，$z$ 的三角表示式为

$$z = 2\left[\cos\left(-\frac{\pi}{3}\right) + i\sin\left(-\frac{\pi}{3}\right)\right],$$

$z$ 的指数表示式为

$$z = 2e^{-\frac{\pi}{3}i}.$$

## 1.3　复数的乘方与开方

### 1.3.1　乘积与商

如图 1.3.1 所示，设有两个复数

$$z_1 = r_1\left(\cos\theta_1 + i\sin\theta_1\right), \quad z_2 = r_2\left(\cos\theta_2 + i\sin\theta_2\right),$$

则

$$
\begin{aligned}
z_1 z_2 &= r_1 r_2\left(\cos\theta_1 + i\sin\theta_1\right)\left(\cos\theta_2 + i\sin\theta_2\right) \\
&= r_1 r_2\left[\left(\cos\theta_1\cos\theta_2 - \sin\theta_1\sin\theta_2\right) + i\left(\sin\theta_1\cos\theta_2 + \cos\theta_1\sin\theta_2\right)\right] \\
&= r_1 r_2\left[\cos\left(\theta_1 + \theta_2\right) + i\sin\left(\theta_1 + \theta_2\right)\right],
\end{aligned}
$$

于是

$$\left|z_1 z_2\right| = \left|z_1\right|\left|z_2\right|, \tag{1.3.1}$$

$$\operatorname{Arg}\left(z_1 z_2\right) = \operatorname{Arg} z_1 + \operatorname{Arg} z_2. \tag{1.3.2}$$

从而有下面的定理.

**定理 1.3.1**　两个复数乘积的模等于它们模的乘积；两个复数乘积的辐角等于它们的辐角的和.

因此，当利用向量来表示复数时，可以说表示乘积 $z_1 z_2$ 的向量是从表示 $z_1$ 的向量旋转一个角度 $\operatorname{Arg} z_2$，并伸长（缩短）到 $\left|z_2\right|$ 倍得到的，如图 1.3.1 所示. 特别地，当 $\left|z_2\right| = 1$ 时，乘法变成了只是旋转. 例如 $iz$ 相当于将 $z$ 逆时针旋转 $90°$，$-z$ 相当于将 $z$ 逆时针旋转 $180°$. 又当 $\arg z_2 = 0$ 时，乘法就变成了仅仅是伸长（缩短）.

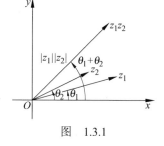

图　1.3.1

由于辐角的多值性，等式(1.3.2)两端都是由无穷多个数构成的两个数集. 等式(1.3.2)表示两端可能取的值的全体是相同的. 也就是说，对于左端的任一值，右端必有一值和它相等，并且反过来也一样. 例如，设 $z_1 = -1$ ， $z_2 = \mathrm{i}$ ，则 $z_1 z_2 = -\mathrm{i}$ ，

$$\mathrm{Arg}\, z_1 = \pi + 2n\pi \quad (n = 0, \pm 1, \pm 2, \cdots)\,,$$

$$\mathrm{Arg}\, z_2 = \frac{\pi}{2} + 2m\pi \quad (m = 0, \pm 1, \pm 2, \cdots)\,,$$

$$\mathrm{Arg}\,(z_1 z_2) = -\frac{\pi}{2} + 2k\pi \quad (k = 0, \pm 1, \pm 2, \cdots)\,.$$

代入等式(1.3.2)得

$$\frac{3\pi}{2} + 2(m+n)\pi = -\frac{\pi}{2} + 2k\pi\,.$$

要使上式成立，必须且只需 $k = m + n + 1$ ，只要 $m$ 与 $n$ 各取一确定的值，总可选取 $k$ 的值使 $k = m + n + 1$ ，反之也一样. 若取 $m = n = 0$ ，则取 $k = 1$ ；若取 $k = -1$ ，则可取 $m = 0$ ， $n = -2$ 或 $m = -2$ ， $n = 0$ .

对于后面的式(1.3.5)中的第二个等式也应当这样来理解.

如果用指数形式来表示复数：

$$z_1 = r_1 \mathrm{e}^{\mathrm{i}\theta_1}\,, \quad z_2 = r_2 \mathrm{e}^{\mathrm{i}\theta_2}\,,$$

则定理 1.3.1 可以简单地表示为

$$z_1 z_2 = r_1 r_2 \mathrm{e}^{\mathrm{i}(\theta_1 + \theta_2)}\,, \tag{1.3.3}$$

由此逐步可证，如果

$$z_k = r_k \mathrm{e}^{\mathrm{i}\theta_k} = r_k \left( \cos\theta_k + \mathrm{i}\sin\theta_k \right) \quad (k = 1, 2, \cdots, n)\,,$$

则

$$
\begin{aligned}
z_1 z_2 \cdots z_n &= r_1 r_2 \cdots r_n \mathrm{e}^{\mathrm{i}(\theta_1 + \theta_2 + \cdots + \theta_n)} \\
&= r_1 r_2 \cdots r_n \left[ \cos(\theta_1 + \theta_2 + \cdots + \theta_n) + \mathrm{i}\sin(\theta_1 + \theta_2 + \cdots + \theta_n) \right]\,,
\end{aligned} \tag{1.3.4}
$$

按照商的定义，当 $z_1 \neq 0$ 时，有

$$z_2 = \frac{z_2}{z_1} z_1\,,$$

由式(1.3.1)和式(1.3.2)就有

$$|z_2| = \left| \frac{z_2}{z_1} \right| |z_1|\,, \quad \mathrm{Arg}\, z_2 = \mathrm{Arg}\, \frac{z_2}{z_1} + \mathrm{Arg}\, z_1\,,$$

于是

$$\left|\frac{z_2}{z_1}\right| = \frac{|z_2|}{|z_1|}, \quad \text{Arg } \frac{z_2}{z_1} = \text{Arg } z_2 - \text{Arg } z_1. \tag{1.3.5}$$

综合以上分析可得以下定理.

**定理 1.3.2**　两个复数商的模等于它们模的商；两个复数商的辐角等于它们的辐角之差.

如果用指数形式来表示复数：

$$z_1 = r_1 e^{i\theta_1}, \quad z_2 = r_2 e^{i\theta_2},$$

则定理 1.3.2 可以简单地表示为

$$\frac{z_2}{z_1} = \frac{r_2}{r_1} e^{i(\theta_2 - \theta_1)} \quad (r_1 \neq 0). \tag{1.3.6}$$

**例 1.3.1**　化简 $\dfrac{\left(\sqrt{3} - i\right)\left(1 + i\right)}{1 - i}$.

**解**　$\dfrac{\left(\sqrt{3} - i\right)\left(1 + i\right)}{1 - i} = \dfrac{2e^{-\frac{\pi}{6}i}\sqrt{2}e^{\frac{\pi}{4}i}}{\sqrt{2}e^{-\frac{\pi}{4}i}} = 2e^{\left[-\frac{\pi}{6} + \frac{\pi}{4} - \left(-\frac{\pi}{4}\right)\right]i} = 2e^{\frac{\pi}{3}i}$.

## 1.3.2　乘幂与方根

$n$ 个相同复数 $z$ 的乘积称为 $z$ 的 $n$ 次幂，记作 $z^n$，即

$$z^n = \underbrace{z \cdot z \cdots z}_{n}.$$

如果我们在式(1.3.4)中，令 $z_1$ 到 $z_n$ 的所有复数都等于 $z$，则对于任何正整数 $n$，我们有

$$z^n = r^n \left(\cos n\theta + i \sin n\theta\right). \tag{1.3.7}$$

如果我们定义 $z^{-n} = \dfrac{1}{z^n}$，则当 $n$ 为负整数时上式也是成立的.作为练习，由读者自己证明.

特别地，当 $z$ 的模 $r = 1$，即 $z = \cos\theta + i\sin\theta$ 时，由式(1.3.7)有

$$\left(\cos\theta + i\sin\theta\right)^n = \cos n\theta + i\sin n\theta, \tag{1.3.8}$$

这就是**棣莫弗（De Moivre）公式**.公式(1.3.7)与(1.3.8)有广泛的应用.

**例 1.3.2** 求 $i^3$, $i^4$, $\cdots$, $i^n$.

**解** $i^1 = i$, $i^2 = -1$, $i^3 = i^2 \cdot i = -i$, $i^4 = i^2 \cdot i^2 = 1$, $i^5 = i^4 \cdot i = i$, $i^6 = i^4 \cdot i^2 = -1$, $\cdots$, $i^{4k} = 1$, $\cdots$. 其中, $n = 4k + m$, $m = 0, 1, 2, 3$. 图 1.3.2 表示了虚单位 i 的幂的各种情况.

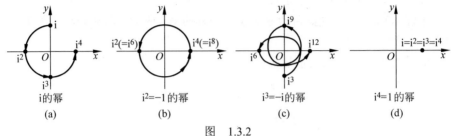

i 的幂      $i^2 = -1$ 的幂      $i^3 = -i$ 的幂      $i^4 = 1$ 的幂

(a)          (b)          (c)          (d)

图   1.3.2

**例 1.3.3** 设 $n$ 为正整数, 试证明 $\left(\dfrac{-1+\sqrt{3}i}{2}\right)^{3n+1} + \left(\dfrac{-1-\sqrt{3}i}{2}\right)^{3n+1} = -1$.

**解** 因为 $\dfrac{-1+\sqrt{3}i}{2} = \cos\dfrac{2\pi}{3} + i\sin\dfrac{2\pi}{3}$, $\dfrac{-1-\sqrt{3}i}{2} = \cos\left(-\dfrac{2\pi}{3}\right) + i\sin\left(-\dfrac{2\pi}{3}\right)$, 于是

$$
\left(\frac{-1+\sqrt{3}i}{2}\right)^{3n+1} + \left(\frac{-1-\sqrt{3}i}{2}\right)^{3n+1}
$$

$$
= \left(\frac{-1+\sqrt{3}i}{2}\right)^{3n}\left(\frac{-1+\sqrt{3}i}{2}\right) + \left(\frac{-1-\sqrt{3}i}{2}\right)^{3n}\left(\frac{-1-\sqrt{3}i}{2}\right)
$$

$$
= \left(\cos 2n\pi + i\sin 2n\pi\right)\left(\frac{-1+\sqrt{3}i}{2}\right) + \left[\cos(-2n\pi) + i\sin(-2n\pi)\right]\left(\frac{-1-\sqrt{3}i}{2}\right)
$$

$$
= \frac{-1+\sqrt{3}i}{2} + \frac{-1-\sqrt{3}i}{2} = -1.
$$

下面我们用公式(1.3.7)与公式(1.3.8)来求方程 $w^n = z$ 的根 $w$, 其中 $z$ 为已知复数.

我们即将看到, 当 $z \neq 0$ 时, 就有 $n$ 个不同的 $w$ 值与它对应. 每一个这样的值称为 $z$ 的 $n$ 次根, 都记作 $\sqrt[n]{z}$, 即

$$
w = \sqrt[n]{z}.
$$

为了求出根 $w$, 令

$$
z = r(\cos\theta + i\sin\theta), \quad w = \rho(\cos\varphi + i\sin\varphi),
$$

根据棣莫弗公式 (1.3.8) 有

$$\rho^n (\cos n\varphi + i\sin n\varphi) = r(\cos\theta + i\sin\theta),$$

于是

$$\rho^n = r, \quad \cos n\varphi = \cos\theta, \quad \sin n\varphi = \sin\theta,$$

显然，后两式成立的充要条件是

$$n\varphi = \theta + 2k\pi \quad (k = 0, \pm1, \pm2, \cdots),$$

由此

$$\rho = r^{\frac{1}{n}}, \quad \varphi = \frac{\theta + 2k\pi}{n},$$

其中 $r^{\frac{1}{n}}$ 是算术根，所以

$$w = \sqrt[n]{z} = r^{\frac{1}{n}}\left(\cos\frac{\theta + 2k\pi}{n} + i\sin\frac{\theta + 2k\pi}{n}\right). \tag{1.3.9}$$

当 $k = 0, 1, 2, \cdots, n-1$ 时，得到 $n$ 个相异的根：

$$w_0 = r^{\frac{1}{n}}\left(\cos\frac{\theta}{n} + i\sin\frac{\theta}{n}\right),$$

$$w_1 = r^{\frac{1}{n}}\left(\cos\frac{\theta + 2\pi}{n} + i\sin\frac{\theta + 2\pi}{n}\right),$$

$$\vdots$$

$$w_{n-1} = r^{\frac{1}{n}}\left(\cos\frac{\theta + 2(n-1)\pi}{n} + i\sin\frac{\theta + 2(n-1)\pi}{n}\right).$$

当 $k$ 以其他整数值代入时，这些根又重复出现.例如 $k = n$ 时，得

$$w_n = r^{\frac{1}{n}}\left(\cos\frac{\theta + 2n\pi}{n} + i\sin\frac{\theta + 2n\pi}{n}\right) = r^{\frac{1}{n}}\left(\cos\frac{\theta}{n} + i\sin\frac{\theta}{n}\right) = w_0.$$

在几何上，不难看出：$\sqrt[n]{z}$ 的 $n$ 个值就是以原点为中心、$r^{\frac{1}{n}}$ 为半径的圆的内接正 $n$ 边形的 $n$ 个顶点.

**例 1.3.4**　求 $\sqrt[3]{1}$.

**解**　因为 $1 = 1 \cdot (\cos 2k\pi + i\sin 2k\pi)$，所以

$$\sqrt[3]{1} = \cos\frac{2k\pi}{3} + i\sin\frac{2k\pi}{3} \quad (k = 0, 1, 2),$$

即 $w_0 = 1$，$w_1 = \cos\dfrac{2\pi}{3} + \mathrm{i}\sin\dfrac{2\pi}{3} = \dfrac{-1+\sqrt{3}\mathrm{i}}{2}$，$w_2 = \cos\dfrac{4\pi}{3} + \mathrm{i}\sin\dfrac{4\pi}{3} = \dfrac{-1-\sqrt{3}\mathrm{i}}{2}$.

图 1.3.3 表示了单位数 1 的 3 次、4 次、5 次方根在单位圆上的位置.

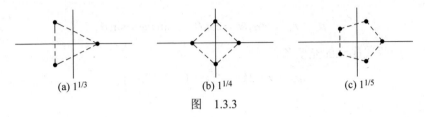

(a) $1^{1/3}$　　　　　(b) $1^{1/4}$　　　　　(c) $1^{1/5}$

图　1.3.3

**例 1.3.5**　求 $\sqrt[4]{1+\mathrm{i}}$.

**解**　因为 $1+\mathrm{i} = \sqrt{2}\cdot\left(\cos\dfrac{\pi}{4} + \mathrm{i}\sin\dfrac{\pi}{4}\right)$，所以

$$\sqrt[4]{1+\mathrm{i}} = \sqrt[8]{2}\cdot\left(\cos\dfrac{\dfrac{\pi}{4}+2k\pi}{4} + \mathrm{i}\sin\dfrac{\dfrac{\pi}{4}+2k\pi}{4}\right) \quad (k=0,1,2,3),$$

即

$$w_0 = \sqrt[8]{2}\cdot\left(\cos\dfrac{\pi}{16} + \mathrm{i}\sin\dfrac{\pi}{16}\right), \quad w_1 = \sqrt[8]{2}\cdot\left(\cos\dfrac{9\pi}{16} + \mathrm{i}\sin\dfrac{9\pi}{16}\right),$$

$$w_2 = \sqrt[8]{2}\cdot\left(\cos\dfrac{17\pi}{16} + \mathrm{i}\sin\dfrac{17\pi}{16}\right), \quad w_3 = \sqrt[8]{2}\cdot\left(\cos\dfrac{25\pi}{16} + \mathrm{i}\sin\dfrac{25\pi}{16}\right).$$

这四个根是内接于中心在原点、半径为 $\sqrt[8]{2}$ 的圆的正方形的四个顶点（如图 1.3.4 所示）.

### 1.3.3　复平面上的曲线

任何一条平面上的连续曲线 $C$：$\begin{cases} x = x(t) \\ y = y(t) \end{cases}$

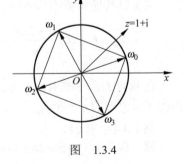

图　1.3.4

$(\alpha \leqslant t \leqslant \beta)$，其中 $x(t)$，$y(t)$ 是在 $\alpha \leqslant t \leqslant \beta$ 上的实连续函数. 一定能用复数形式的方程 $z(t) = x(t) + \mathrm{i}y(t)$ $(\alpha \leqslant t \leqslant \beta)$ 来表示. $z(\alpha)$，$z(\beta)$ 为该曲线的端点.若对于 $(\alpha,\beta)$ 内的两点 $t_1$ 和 $t_2$，当 $t_1 \neq t_2$ 时，$z(t_1) \neq z(t_2)$，则该连续曲线称为**简单曲线**或**若尔当（Jordan）曲线**（如图 1.3.5 中（b）和（c）所示）；当两端点重合，即 $z(\alpha) = z(\beta)$

时，则该连续曲线称为**简单闭曲线**或**若尔当闭曲线**（如图 1.3.5(c) 所示）.

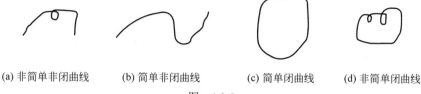

　　(a) 非简单非闭曲线　　　(b) 简单非闭曲线　　　(c) 简单闭曲线　　　(d) 非简单闭曲线

图　1.3.5

　　如果在 $(\alpha,\beta]$ 上 $x'(t)$，$y'(t)$ 是连续的，且对于 $t$ 的每一个值，$[x'(t)]^2 + [y'(t)]^2 \neq 0$，则曲线 $z(t) = x(t) + \mathrm{i}y(t)$ 称为**光滑曲线**. 由几段光滑曲线组成的曲线称为**逐段光滑曲线**.

　　曲线的方向：若从起点 $z(\alpha) = a$ 至终点 $z(\beta) = b$，则为**正向**，记为 $C$（$C$ 代表该曲线）；如果从 $b$ 至 $a$，则记为 $C^-$，代表**负向**. 若为闭曲线，即 $a = b$ 时，则规定逆时针方向为**正向**，顺时针方向为**负向**.

　　**例 1.3.6**　将直线方程 $x + 3y = 2$ 化为复数表示式.

　　**解**　由共轭复数的性质

$$z + \bar{z} = 2\operatorname{Re}(z) = 2x，\quad z - \bar{z} = 2\mathrm{i}\operatorname{Im}(z) = 2\mathrm{i}y，$$

有

$$x = \frac{1}{2}(z + \bar{z}) \text{ 和 } y = \frac{1}{2\mathrm{i}}(z - \bar{z})，$$

代入所给方程，可得

$$(3 + \mathrm{i})z + (-3 + \mathrm{i})\bar{z} = 4\mathrm{i}，$$

这就是所给直线方程的复数表示式.

　　**例 1.3.7**　求下列方程所表示的曲线.

　　（1）$|z + \mathrm{i}| = 2$；　　（2）$|z - 2\mathrm{i}| = |z + 2|$；　　（3）$\operatorname{Im}(\mathrm{i} + \bar{z}) = 4$.

　　**解**　（1）在几何上不难看出，方程 $|z + \mathrm{i}| = 2$ 表示所有与 $-\mathrm{i}$ 距离为 2 的点的轨迹，即中心为 $-\mathrm{i}$，半径为 2 的圆（如图 1.3.6 所示）.

　　下面我们用代数方法求出该圆的直角坐标方程，设 $z = x + \mathrm{i}y$，方程变为

$$|x + (y + 1)\mathrm{i}| = 2，$$

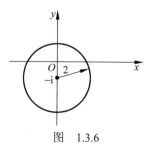

图　1.3.6

即

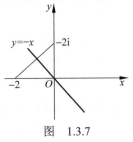

$$\sqrt{x^2+\left(y+1\right)^2}=2 \quad \text{或} \quad x^2+\left(y+1\right)^2=4 .$$

（2）几何上，该方程表示与点 2i 和点 –2 的距离相等的点的轨迹.所以方程表示的曲线就是连接点 2i 和点 –2 的线段的垂直平分线(如图 1.3.7 所示)，它的方程为 $y=-x$.

图 1.3.7

（3）设 $z=x+\mathrm{i}y$，则 $\mathrm{i}+\bar{z}=x+\left(1-y\right)\mathrm{i}$，所以 $\mathrm{Im}\left(\mathrm{i}+\bar{z}\right)=1-y$，从而可得所求曲线方程为 $y=-3$，这是一条平行于 $x$ 轴的直线.

## 1.4 复球面与平面区域

### 1.4.1 复球面

除了用平面内的点或向量来表示复数以外，还可以用球面上的点来表示复数.现在我们来介绍这种表示的方法.

取一个与复平面相切于原点 $z=0$ 的球面，球面上的一点 $S$ 与原点重合（如图 1.4.1 所示）.通过 $S$ 作垂直于复平面的直线与球面相交于另一点 $N$.我们称 $N$ 为**北极**，$S$ 为**南极**.

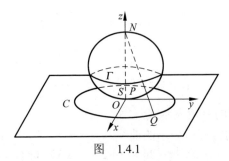

图 1.4.1

设 $P$ 为球面上异于 $N$ 的任意一点，从球面北极 $N$ 作射线 $NP$，必交于复平面的一点 $Q$，它在复平面上表示一个模为有限的复数. 反过来，从北极 $N$ 出发，且过复平面上任一模为有限的点 $Q$ 的射线，也必交于球面上的一个点，记为 $P$. 于是复平面上的点与球面上的点(除 $N$ 点外)建立了一一对应的关系.

考虑复平面上一个以原点为中心的圆周 $C$，在球面上对应的也是一个圆周 $\varGamma$，当圆周 $C$ 的半径越大时，圆周 $\varGamma$ 就越趋于北极 $N$，因此，北极 $N$ 可看成是与复平面上的一个模为无穷大的假想点相对应，这个假想点称为**无穷远点**，

记为 $\infty$.复平面上加点 $\infty$ 后，称为**扩充复平面**，与它对应的就是整个球面，称为**复球面**，并且扩充复平面上的点与复球面上的点构成一一对应关系. 简单来说，扩充复平面的一个几何模型就是复球面.对于模为有限的复数，我们称为**有限复数**，除去 $\infty$ 的复平面称为**有限复平面**. 对于复数 $\infty$ 来说，实部、虚部和辐角的概念均无意义，但它的模则规定为正无穷大，即 $|\infty| = +\infty$. 对于其他每一个复数 $z$ 则有 $|z| < +\infty$.

为了今后的需要，关于 $\infty$ 的四则运算作如下规定：

加法：$a + \infty = \infty + a = \infty \ (a \neq \infty)$；

减法：$a - \infty = \infty - a = \infty \ (a \neq \infty)$；

乘法：$a \cdot \infty = \infty \cdot a = \infty \ (a \neq 0)$；

除法：$\dfrac{a}{\infty} = 0 \ , \ \dfrac{\infty}{a} = \infty \ (a \neq \infty) \ , \ \dfrac{a}{0} = \infty \ (a \neq 0,但可为\infty)$.

至于其他运算：$\infty \pm \infty$，$0 \cdot \infty$，$\dfrac{\infty}{\infty}$，我们不规定其意义. 像在微积分中一样，$\dfrac{0}{0}$ 仍然不确定.

这里我们引进的扩充复平面与无穷远点，在很多讨论中，能够带来方便与和谐. 但在本书以后各处，如无特殊声明，所谓"平面"一般指有限平面，所谓"点"指有限平面上的点.

## 1.4.2　区域

在高等数学中，我们的讨论涉及的函数一般都定义在一个(开的或闭的)区间上. 类似地，为了表达方便，我们先介绍复平面上"区域"的概念.

### 1. 区域的概念

平面上以 $z_0$ 为中心、$\delta$（任意的正常数）为半径的圆的内部的点的集合（包含或不包含 $z_0$）：$|z - z_0| < \delta$ 或 $0 < |z - z_0| < \delta$ 称为 $z_0$ 的**邻域**，后者称为**去心邻域**（不包括 $z_0$ 本身这个点）.

平面点集 $D$ 称为一个区域，当且仅当它满足下列两个条件：

（1）$D$ 是**开集**，即 $D$ 中每个点都是内点，亦即 $D$ 中每个点至少有一个邻域，这个邻域内的所有点都属于 $D$；

（2）$D$ 是**连通**的，即 $D$ 中任何两点都可以用完全属于 $D$ 的一条折线连接起来.

简而言之，**区域**就是连通的开集.

对于平面内不属于 $D$ 的点来说，可能有这样的点 $P$，在 $P$ 的任意小的邻域内总包含有 $D$ 中的点，这种点称为 $D$ 的**边界点**（如图 1.4.2 所示），$D$ 的所有边界点组成 $D$ 的**边界**.

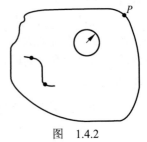

区域的边界可能由曲线、割痕和孤立的点所组成.区域和它的边界一起构成**闭区域**或**闭域**，记作 $\overline{D}$.如果一个区域可以被包含在一个以原点为中心的圆里面，那么 $D$ 称为**有界**的（如图 1.4.3(a) 所示），否则称为**无界**的（如图 1.4.3(b) 和 1.4.3(c) 所示）.图 1.4.3(a)、(b) 和 1.4.3(c) 是区域，而 (d) 仅仅是开集不是区域.

图　　1.4.2

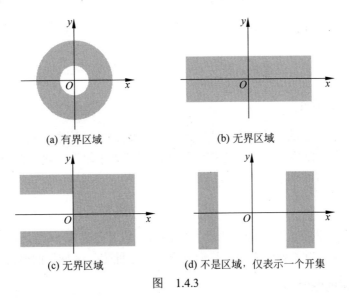

(a) 有界区域　　　　　　　　　(b) 无界区域

(c) 无界区域　　　　　(d) 不是区域，仅表示一个开集

图　　1.4.3

## 2. 单连通域与多连通域

一条简单闭曲线 $C$ 将平面分为两个区域.其中一个是有界的，称为 $C$ 的**内部**（内区域），另外一个是无界的，称为 $C$ 的**外部**（外区域）.根据简单曲线的这个性质，我们可以区别区域的连通情况.

一个区域 $D$，如果在其中任作一条简单闭曲线，而曲线的内部总属于 $D$，就称为**单连通域**（如图 1.4.4(a) 所示），一个区域如果不是单连通域，就称为**多连通域**（如图 1.4.4(b) 所示）.

一条闭曲线的内部就是单连通域.

单连通域具有以下特征：属于 $D$ 的任何一条简单闭曲线，在 $D$ 内可以经过

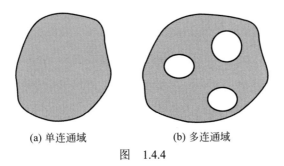

(a) 单连通域　　　　　　　　　(b) 多连通域

图　　1.4.4

连续的变形而缩成一点,而多连通域就不具有这一特征.

## 1.5　复变函数

### 1.5.1　复变函数的概念

设有一复数 $z = x + \mathrm{i}y$ 的集合 $G$ ,如果有一法则存在,按照这一法则,对于集合 $G$ 中的每一个复数 $z$ ,就有一个或几个相应的复数 $w = u + \mathrm{i}v$ 与之对应,那么称**复数 $w$ 是复变数 $z$ 的函数**,简称**复变函数**,记作 $w = f(z)$ .

集合 $G$ 称为函数 $f(z)$ 的**定义集合**,对于 $G$ 中所有 $z$ 的一切 $w$ 值所组成的集合 $G^*$ 称为**函数值集合**.

由于给定了复数 $z = x + \mathrm{i}y$ ,就相当于给定了两个实数 $x$ 和 $y$ ,而复数 $w = u + \mathrm{i}v$ ,亦同样地对应着一对实数 $u$ , $v$ ,所以复变函数 $w$ 和自变量 $z$ 之间的关系 $w = f(z)$ 就相当于两个关系式

$$u = u(x, y) , \quad v = v(x, y) ,$$

它们确定了自变量 $x$ 和 $y$ 的两个二元实变函数.

**例 1.5.1**　证明 $w = z^2$ 是定义在整个复平面上的函数.

**证**　令 $z = x + \mathrm{i}y$ , $w = u + \mathrm{i}v$ ,那么

$$u + \mathrm{i}v = (x + \mathrm{i}y)^2 = x^2 - y^2 + 2xy\mathrm{i} ,$$

因而函数 $w = z^2$ 对应于两个二元实变函数

$$u = x^2 - y^2 , \quad v = 2xy ,$$

所以 $w = z^2$ 是定义在整个复平面上的函数.

**例 1.5.2**　$w = \dfrac{1}{z}$ 是定义在除原点外的整个复平面上的复变函数.此时

$$w = u + \mathrm{i}v = \frac{1}{z} = \frac{\overline{z}}{z \overline{z}} = \frac{\overline{z}}{|z|^2} = \frac{x}{x^2 + y^2} - \mathrm{i}\frac{y}{x^2 + y^2} ,$$

故这里的两个二元实变函数是

$$u = \frac{x}{x^2 + y^2}, \quad v = -\frac{y}{x^2 + y^2}.$$

如果对于 $G$ 内每个 $z$ 值，有且仅有一个 $w$ 值与之对应，就称 $f(z)$ 为 $G$ 上的**单值函数**；否则，就称 $f(z)$ 为**多值函数**.

**例 1.5.3**　$w = |z|$，　$w = \bar{z}$，　$w = z^2$ 及 $w = \dfrac{z+1}{z-1}$ $(z \neq 1)$ 均为 $z$ 的单值函数；$w = \sqrt[n]{z}$ $(z \neq 1, n \geqslant 2)$ 及 $w = \mathrm{Arg}\,z\,(z \neq 0)$ 均为 $z$ 的多值函数.

对于复变函数，由于它反映了两对变量 $u$，$v$ 和 $x$，$y$ 之间的对应关系，因而无法用同一平面内的几何图形表示出来，必须把它看成两个复平面上的点集之间的对应关系.

如果用 $z$ 平面上的点表示自变量的值，而用另一个平面——$w$ 平面上的点表示函数 $w$ 的值，那么函数 $w = f(z)$ 在几何上可看作是把 $z$ 平面上的一个点集 $G$（定义集合）变到 $w$ 平面上的一个点集 $G^*$（函数值集合）的**映射**（或**变换**），$w$ 称为 $z$ 的**像**，$z$ 称为 $w$ 的**原像**.

**例 1.5.4**　试求在映射 $w = \bar{z}$ 下，点 $z_1 = 2 + 3\mathrm{i}$，$z_2 = 1 - 2\mathrm{i}$ 的像.

**解**　如图 1.5.1 所示，图（a）表示自变量 $z_1 = 2 + 3\mathrm{i}$，$z_2 = 1 - 2\mathrm{i}$；图（b）表示像 $w$ 平面，其中在映射 $w = \bar{z}$ 下，$w_1 = 2 - 3\mathrm{i}$，$w_2 = 1 + 2\mathrm{i}$.

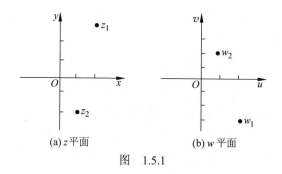

(a) $z$ 平面　　　　　　　　(b) $w$ 平面

图　1.5.1

**例 1.5.5**　试求 $u = c_1$ 及 $v = c_2$（$c_1$，$c_2$ 均为实常数）在 $w = f(z) = z^2$ 映射下的原像.

**解**　将 $w = f(z) = z^2$ 化为

$$f(z) = x^2 - y^2 + \mathrm{i}2xy,$$

由此得

$$u = x^2 - y^2, \quad v = 2xy.$$

于是 $u = c_1$ 在 $w = z^2$ 映射下的原像为

$$x^2 - y^2 = c_1 ,$$

这是 $z$ 平面上的一族以直线 $y = \pm x$ 为渐近线的等轴双曲线（如图 1.5.2（a）中虚线所示）.

而 $v = c_2$ 在 $w = z^2$ 映射下的原像为

$$2xy = c_2 ,$$

这是 $z$ 平面上的另一族（以坐标轴为渐近线的）等轴双曲线（如图 1.5.2 中（a）中实线所示）.

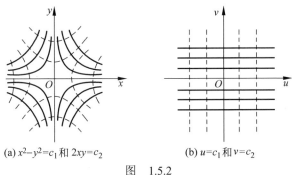

(a) $x^2-y^2=c_1$ 和 $2xy=c_2$　　　　(b) $u=c_1$ 和 $v=c_2$

图　1.5.2

图 1.5.2（b）表示 $w$ 平面上的两族平行直线：$u = c_1$ 和 $v = c_2$.

## 1.5.2　复变函数的极限

设函数 $f(z)$ 在 $z_0$ 点的邻域内有定义，如果存在复数 $A$，对于任意给定的正数 $\varepsilon$，总能找到一个正数 $\delta$，使当 $0 < |z - z_0| < \delta$ 时，恒有 $\left| f(z) - A \right| < \varepsilon$，则称 $A$ 为函数 $f(z)$ 当 $z \to z_0$ 时的**极限**，即

$$\lim_{z \to z_0} f(z) = A .$$

我们可以这样来理解极限概念的几何意义：当动点 $z$ 进入 $z_0$ 的充分小的去心邻域时，它们的像点就落入 $A$ 的一个给定的 $\varepsilon$ 的邻域内.

上述定义与一元实函数的极限定义极为类似，但要特别注意的是，$z = x + iy$ 趋于 $z_0 = x_0 + iy_0$ 的方式是任意的. 通俗地说，就是在 $z_0$ 的邻域内，$z$ 可以沿着四面八方通向 $z_0$ 的任何路径趋于 $z_0$. 对比一元实变函数 $f(x)$ 的极限 $\lim\limits_{x \to x_0} f(x)$，$x \to x_0$ 只在 $x$ 轴上，$x$ 只能沿 $x_0$ 的左右两个方向，我们这里对复变函数极限存在的要求显然苛刻得多. 可以证明以下定理.

**定理 1.5.1** 若 $f(z)$，$g(z)$ 在 $z_0$ 点有极限，则其和、差、积、商(商的情形，要求分母的极限不等于零)在 $z_0$ 点仍然有极限，并且其极限值等于 $f(z)$，$g(z)$ 在点 $z_0$ 的极限值的和、差、积、商.

下述定理给出了复变函数极限与其实部和虚部的关系.

**定理 1.5.2** 设 $f(z) = u(x,y) + iv(x,y)$ 在 $0 < |z - z_0| < \delta$ 上有定义，其中 $z = x + iy$，$z_0 = x_0 + iy_0$，则 $\lim\limits_{z \to z_0} f(z) = A = a + bi$ 的充要条件是

$$\lim_{\substack{x \to x_0 \\ y \to y_0}} u(x,y) = a, \quad \lim_{\substack{x \to x_0 \\ y \to y_0}} v(x,y) = b.$$

**证 充分性** 由 $\lim\limits_{\substack{x \to x_0 \\ y \to y_0}} u(x,y) = a, \lim\limits_{\substack{x \to x_0 \\ y \to y_0}} v(x,y) = b$ 知，对于任意 $\varepsilon > 0$，存在 $\delta > 0$，当 $0 < \sqrt{(x-x_0)^2 + (y-y_0)^2} < \delta$ 时，恒有 $|u - a| < \dfrac{\varepsilon}{2}, |v - b| < \dfrac{\varepsilon}{2}$. 于是

$$\sqrt{(u-a)^2 + (v-b)^2} \leqslant |u-a| + |v-b| < \frac{\varepsilon}{2} + \frac{\varepsilon}{2} = \varepsilon,$$

即

$$|(u-a) + i(v-b)| = |(u+iv) - (a+ib)| < \varepsilon,$$

则

$$|f(z) - A| < \varepsilon,$$

所以

$$\lim_{z \to z_0} f(z) = a + bi.$$

**必要性** 设 $\lim\limits_{z \to z_0} f(z) = a + bi$，则对于任意 $\varepsilon > 0$，存在 $\delta > 0$，当 $0 < |z - z_0| < \delta$，即 $0 < \sqrt{(x-x_0)^2 + (y-y_0)^2} < \delta$ 时，恒有 $|f(z) - A| < \varepsilon$，即 $\sqrt{(u-a)^2 + (v-b)^2} < \varepsilon$，因而 $|u-a| < \varepsilon, |v-b| < \varepsilon$，于是

$$\lim_{\substack{x \to x_0 \\ y \to y_0}} u(x,y) = a, \quad \lim_{\substack{x \to x_0 \\ y \to y_0}} v(x,y) = b.$$

定理 1.5.2 把求复变函数的极限转化为求该函数的实部和虚部的极限，也就是求两个二元实变函数的极限.

### 1.5.3 复变函数的连续性

设函数 $f(z)$ 在 $z_0$ 点及其邻域内有定义，且 $\lim\limits_{z \to z_0} f(z) = f(z_0)$，则称 $f(z)$ 在 $z_0$ 点**连续**；如果 $f(z)$ 函数在区域 $G$ 内每一点都连续，则称 $f(z)$ 为在 $G$ 内连续.

这里复变函数连续性的定义与一元实变函数连续性的定义相似，我们可以仿照证明下述结论：

**定理 1.5.3**　若 $f(z)$，$g(z)$ 在 $z_0$ 点连续，则其和、差、积、商（商的情形，要求分母在 $z_0$ 点不等于零）在 $z_0$ 点仍然连续.

**定理 1.5.4**　若复变函数 $\eta = f(z)$ 在 $z_0$ 点连续，复变函数 $w = g(\eta)$ 在 $\eta_0 = f(z_0)$ 点连续，则复变函数 $w = g\big[f(z)\big]$ 在 $z_0$ 点连续.

**例 1.5.6**　求 $\lim\limits_{z \to i} \dfrac{\bar{z}+2}{z+1}$.

**解**　因为 $\dfrac{\bar{z}+2}{z+1}$ 在点 i 连续，所以 $\lim\limits_{z \to i} \dfrac{\bar{z}+2}{z+1} = \dfrac{-i+2}{i+1} = \dfrac{1-3i}{2}$.

**例 1.5.7**　设 $f(z) = \dfrac{1}{2i}\left(\dfrac{z}{\bar{z}} - \dfrac{\bar{z}}{z}\right)$ $(z \neq 0)$，试证 $f(z)$ 在原点无极限，从而在原点不连续.

**证**　令 $z = r(\cos\theta + i\sin\theta)$，则

$$f(z) = \frac{1}{2i} \cdot \frac{z^2 - \bar{z}^2}{z\bar{z}} = \frac{1}{2i} \cdot \frac{(z+\bar{z})(z-\bar{z})}{r^2} = \frac{1}{2ir^2} \cdot 2r\cos\theta \cdot 2ir\sin\theta = \sin 2\theta.$$

我们看到当 $z$ 沿正实轴 $\theta = 0$ 趋于 0 时，$f(z) \to 0$；当 $z$ 沿第一象限角平分线 $\theta = \dfrac{\pi}{4}$ 趋于 0 时，$f(z) \to 1$，故 $f(z)$ 在原点无极限，从而在原点不连续.

**例 1.5.8**　设函数 $f(z) = \begin{cases} \dfrac{xy}{x^2+y^2}, & z \neq 0 \\ 0, & z = 0 \end{cases}$，证明 $f(z)$ 在原点不连续.

**证**　设直线 $l : y = mx$，则在直线 $l$ 上

$$f(z) = \frac{mx^2}{x^2 + mx^2} = \frac{m}{1+m^2},$$

因此，当 $z$ 沿 $l$ 趋向于原点时，$f(z) \to \dfrac{m}{1+m^2}$.

当 $m$ 变化时，$\dfrac{m}{1+m^2}$ 随之变化，所以当 $z$ 沿不同的直线趋向于原点时，$f(z)$ 趋向的值就不同. 这就证明了 $\lim\limits_{z \to 0} f(z)$ 不存在. 因而 $f(z)$ 在点 $z = 0$ 处不连续.

根据连续的定义及定理 1.5.1，我们立即可以得到定理 1.5.5.

**定理 1.5.5**　函数 $f(z) = u(x,y) + iv(x,y)$ 在点 $z_0 = x_0 + iy_0$ 连续的充要条件是 $u(x,y)$ 和 $v(x,y)$ 在点 $(x_0, y_0)$ 均连续.

## 习题 1

**1.1** 求下列复数 $z$ 的实部和虚部、共轭复数、模与辐角.

(1) $\dfrac{1}{3+2i}$;    (2) $\dfrac{1}{i}-\dfrac{3i}{1-i}$;    (3) $\dfrac{(3+4i)(2-5i)}{2i}$;    (4) $i^8-4i^{21}+i$.

**1.2** 当 $x$, $y$ 等于什么实数时，等式 $\dfrac{x+1+i(y-3)}{5+3i}=1+i$ 成立?

**1.3** 证明虚单位 $i$ 有这样的性质: $-i=i^{-1}=\bar{i}$.

**1.4** 证明.

(1) $|z|^2=z\bar{z}$;                      (2) $\overline{z_1\pm z_2}=\bar{z_1}\pm\bar{z_2}$;

(3) $\overline{z_1 z_2}=\bar{z_1}\,\bar{z_2}$;                (4) $\overline{\left(\dfrac{z_1}{z_2}\right)}=\dfrac{\bar{z_1}}{\bar{z_2}}$ $(z_2\neq 0)$;

(5) $\bar{\bar{z}}=z$;                         (6) $\mathrm{Re}(z)=\dfrac{1}{2}(z+\bar{z})$, $\mathrm{Im}(z)=\dfrac{1}{2i}(z-\bar{z})$.

**1.5** 对任何 $z$, $z^2=|z|^2$ 是否成立? 如果是，请给出证明; 如果不是，请问对哪些 $z$ 值才成立?

**1.6** 当 $|z|\leqslant 1$ 时，求 $|z^n+a|$ 的最大值，其中 $n$ 为正整数，$a$ 为复数.

**1.7** 判定下列命题的真假.

(1) 若 $c$ 为实常数，则 $c=\bar{c}$;

(2) 若 $z$ 为纯虚数，则 $z\neq\bar{z}$;

(3) $i<2i$;

(4) 零的辐角是零;

(5) 仅存在一个数 $z$，使得 $\dfrac{1}{z}=-z$;

(6) $|z_1+z_2|=|z_1|+|z_2|$;

(7) $\dfrac{1}{i}\bar{z}=\overline{iz}$.

**1.8** 将下列复数化为三角表示式和指数表示式.

(1) $i$;                  (2) $-1$;                 (3) $1+\sqrt{3}\,i$;

(4) $1-\cos\varphi+i\sin\varphi$ $(0\leqslant\varphi\leqslant\pi)$;       (5) $\dfrac{2i}{-1+i}$;

(6) $\dfrac{(\cos 5\varphi+i\sin 5\varphi)^2}{(\cos 3\varphi-i\sin 3\varphi)^3}$.

**1.9**  将下列坐标变换公式写成复数形式.

（1）平移公式 $\begin{cases} x = x_1 + a_1, \\ y = y_1 + b_1; \end{cases}$

（2）旋转公式 $\begin{cases} x = x_1 \cos\alpha - y_1 \sin\alpha, \\ y = x_1 \sin\alpha + y_1 \cos\alpha. \end{cases}$

**1.10**  一个复数乘以 $-\mathrm{i}$，它的模与辐角有何改变?

**1.11**  证明: $|z_1 + z_2|^2 + |z_1 - z_2|^2 = 2\left(|z_1|^2 + |z_2|^2\right)$，并说明其几何意义.

**1.12**  证明下列各题.

（1）任何有理分式函数 $R(z) = \dfrac{P(z)}{Q(z)}$ 可以化为 $X + \mathrm{i}Y$ 的形式，其中 $X$ 与 $Y$ 为具有实系数的 $x$ 与 $y$ 的有理分式函数;

（2）如果 $R(z)$ 为（1）中的有理函数，但具有实系数，那么 $R(\bar{z}) = X - \mathrm{i}Y$;

（3）如果复数 $a + \mathrm{i}b$ 是实系数方程 $a_0 z^n + a_1 z^{n-1} + \cdots + a_{n-1} z + a_n = 0$ 的根，那么 $a - \mathrm{i}b$ 也是它的根;

**1.13**  如果 $z = \mathrm{e}^{\mathrm{i}t}$，证明:

（1）$z^n + \dfrac{1}{z^n} = 2\cos nt$;          （2）$z^n - \dfrac{1}{z^n} = 2\mathrm{i}\sin nt$.

**1.14**  求下列各式的值:

（1）$\left(\sqrt{3} - \mathrm{i}\right)^5$;    （2）$(1+\mathrm{i})^6$;       （3）$\sqrt[6]{-1}$;    （4）$(1-\mathrm{i})^{\frac{1}{3}}$.

**1.15**  若 $(1+\mathrm{i})^n = (1-\mathrm{i})^n$，试求 $n$ 的值.

**1.16**  （1）求方程 $z^3 + 8 = 0$ 的所有根;      （2）求微分方程 $y''' + 8y = 0$ 的通解.

**1.17**  在平面上任意选一点 $z$，然后在复平面上画出下列各点的位置.

$$-z, \quad \bar{z}, \quad -\bar{z}, \quad \frac{1}{z}, \quad -\frac{1}{z}.$$

**1.18**  已知两点 $z_1$ 与 $z_2$（或已知三点 $z_1$，$z_2$，$z_3$），问下列各点位于何处?

（1）$z = \dfrac{1}{2}(z_1 + z_2)$;

（2）$z = \lambda z_1 + (1-\lambda) z_2$，其中 $\lambda$ 为实数;

（3）$z = \dfrac{1}{3}(z_1 + z_2 + z_3)$.

**1.19**  设 $z_1$，$z_2$，$z_3$ 三点满足条件 $z_1 + z_2 + z_3 = 0$，$|z_1| = |z_2| = |z_3| = 1$，证明 $z_1$，$z_2$，$z_3$ 是内接于单位圆周 $|z| = 1$ 的一个正三角形的顶点.

**1.20**  如果复数 $z_1$，$z_2$，$z_3$ 满足等式 $\dfrac{z_2 - z_1}{z_3 - z_1} = \dfrac{z_1 - z_3}{z_2 - z_3}$，证明 $|z_2 - z_1| = |z_3 - z_1| = |z_2 - z_3|$，并说明这些等式的几何意义.

**1.21**  指出下列各题中点 $z$ 的轨迹或所在范围，并作图.

（1）$|z - 5| = 6$；　　（2）$|z + 2\mathrm{i}| \geqslant 1$；　　（3）$\mathrm{Re}(z + 2) = -1$；

（4）$\mathrm{Re}(\mathrm{i}\bar{z}) = 3$；　　（5）$|z + \mathrm{i}| = |z - \mathrm{i}|$；　　（6）$|z + 3| + |z + 1| = 4$；

（7）$\mathrm{Im}(z) \leqslant 2$；　　（8）$\left|\dfrac{z - 3}{z - 2}\right| \geqslant 1$；　　（9）$0 < \arg z < \pi$；

（10）$\arg(z - \mathrm{i}) = \dfrac{\pi}{4}$.

**1.22**  描出下列不等式所确定的区域或闭区域，并指明它是有界的还是无界的，单连通的还是多连通的.

（1）$\mathrm{Im}(z) > 0$；　　　　　　（2）$|z - 1| > 4$；

（3）$0 < \mathrm{Re}(z) < 1$；　　　　　（4）$2 \leqslant |z| \leqslant 3$；

（5）$|z - 1| < |z - 3|$；　　　　　（6）$-1 < \arg z < -1 + \pi$；

（7）$|z - 1| < 4|z + 1|$；　　　　（8）$|z - 2| + |z + 2| \leqslant 6$；

（9）$|z - 2| - |z + 2| > 1$；　　　（10）$z\bar{z} - (2 + \mathrm{i})z - (2 - \mathrm{i})\bar{z} \leqslant 4$.

**1.23**  证明复平面上的直线方程可写成以下形式：

$$a\bar{z} + \bar{a}z = c \quad (a \neq 0\ \text{为复数，}\ c\ \text{为实常数}).$$

**1.24**  证明复平面上的圆周方程可写成以下形式：

$$z\bar{z} + a\bar{z} + \bar{a}z + c = 0 \quad (a\ \text{为复数，}\ c\ \text{为实常数}).$$

**1.25**  将下列方程（$t$ 为实参数）给出的曲线用一个实直角坐标方程表示.

（1）$z = a\cos t + \mathrm{i}b\sin t$ （$a, b$ 是不为零的实常数）；

（2）$z = t + \dfrac{\mathrm{i}}{t}$；

（3）$z = a\cosh t + \mathrm{i}b\sinh t$ （$a, b$ 是不为零的实常数）；

（4）$z = a\mathrm{e}^{\mathrm{i}t} + b\mathrm{e}^{-\mathrm{i}t}$；

（5）$z = \mathrm{e}^{\alpha t}$ （$\alpha = a + b\mathrm{i}$ 为复数且 $b \neq 0$）.

**1.26**  求映射 $w = \dfrac{1}{z}$ 把下列 $z$ 平面上的曲线映射成 $w$ 平面上怎样的曲线？

（1）$x^2 + y^2 = 4$；　　　　　　（2）$y = x$；

（3）$x = 1$；　　　　　　　　　（4）$(x - 1)^2 + y^2 = 1$.

**1.27** 已知映射 $w = z^3$，求：

（1）点 $z_1 = \mathrm{i}$，$z_2 = 1 + \mathrm{i}$，$z_3 = \sqrt{3} + \mathrm{i}$ 在 $w$ 平面上的像；

（2）区域 $0 < \arg z < \dfrac{\pi}{3}$ 在 $w$ 平面上的像.

**1.28** 证明：

（1）如果 $\lim\limits_{z \to z_0} f(z) = A$，$\lim\limits_{z \to z_0} g(z) = B$，那么

$$\lim_{z \to z_0} \left[ f(z) \pm g(z) \right] = A \pm B,$$

$$\lim_{z \to z_0} f(z) g(z) = AB,$$

$$\lim_{z \to z_0} \frac{f(z)}{g(z)} = \frac{A}{B} \quad (B \neq 0).$$

（2）函数 $f(z) = u(x, y) + \mathrm{i}v(x, y)$ 在 $z_0 = x_0 + \mathrm{i}y_0$ 处连续的充要条件是：$u(x, y)$ 和 $v(x, y)$ 在 $(x_0, y_0)$ 处均连续.

**1.29** 设函数 $f(z)$ 在 $z_0$ 连续且 $f(z_0) \neq 0$，证明可找到 $z_0$ 的小邻域，在该邻域内 $f(z) \neq 0$.

**1.30** 设 $\lim\limits_{z \to z_0} f(z) = A$，证明 $f(z)$ 在 $z_0$ 的某一去心邻域内是有界的，即存在一个实数 $M > 0$，使在 $z_0$ 的某一去心邻域内有 $|f(z)| \leqslant M$.

**1.31** 设 $f(z) = \dfrac{1}{2\mathrm{i}} \left( \dfrac{z}{\bar{z}} - \dfrac{\bar{z}}{z} \right)$ $(z \neq 0)$，试证当 $z \to 0$ 时 $f(z)$ 的极限不存在.

**1.32** 试证 $\arg z$ 在原点与负实轴上不连续.

# 第 2 章 解 析 函 数

解析函数是复变函数的主要研究对象，它在理论和实际问题中有着广泛的应用. 本章通过复变函数导数的概念建立起复变函数解析的定义和解析的充要条件，然后介绍复变量初等函数，并讨论它们的解析性.

## 2.1 解析函数的概念

### 2.1.1 复变函数的导数

**1. 导数的定义**

**定义 2.1.1** 设函数 $w = f(z)$ 定义于区域 $D$，$z_0$ 为 $D$ 中的一点，点 $z_0 + \Delta z$ 在 $D$ 内，如果极限

$$\lim_{\Delta z \to 0} \frac{f(z_0 + \Delta z) - f(z_0)}{\Delta z}$$

存在，则称 $f(z)$ 在 $z_0$ 处可导，这个极限值称为函数 $f(z)$ 在 $z_0$ 的导数，记作

$$f'(z_0) = \frac{\mathrm{d}w}{\mathrm{d}z}\bigg|_{z=z_0} = \lim_{\Delta z \to 0} \frac{f(z_0 + \Delta z) - f(z_0)}{\Delta z}, \tag{2.1.1}$$

上式等价于，对于任给的 $\varepsilon > 0$，存在 $\delta(\varepsilon) > 0$，使得当 $0 < |\Delta z| < \delta$ 时，有

$$\left| \frac{f(z_0 + \Delta z) - f(z_0)}{\Delta z} - f'(z_0) \right| < \varepsilon \text{ 成立}.$$

如果 $f(z)$ 在区域 $D$ 内处处可导，则称 $f(z)$ 在 $D$ 内可导.

**例 2.1.1** 求 $f(z) = z^3$ 的导数.

**解** 因为

$$\begin{aligned} \lim_{\Delta z \to 0} \frac{f(z + \Delta z) - f(z)}{\Delta z} &= \lim_{\Delta z \to 0} \frac{(z + \Delta z)^3 - z^3}{\Delta z} \\ &= \lim_{\Delta z \to 0} \left[ 3z^2 + 3z\Delta z + (\Delta z)^2 \right] = 3z^2, \end{aligned}$$

所以

$$f'(z) = 3z^2.$$

**例 2.1.2**  求 $f(z) = \overline{z}$ 的导数.

**解**  因为

$$\lim_{\Delta z \to 0} \frac{f(z+\Delta z)-f(z)}{\Delta z} = \lim_{\Delta z \to 0} \frac{\overline{z+\Delta z}-\overline{z}}{\Delta z}$$

$$= \lim_{\Delta z \to 0} \frac{\overline{\Delta z}}{\Delta z} = \lim_{\substack{\Delta x \to 0 \\ \Delta y \to 0}} \frac{\Delta x - \mathrm{i}\Delta y}{\Delta x + \mathrm{i}\Delta y}.$$

此极限不存在，所以 $f(z)$ 在复平面 $C$ 上处处不可导.

**例 2.1.3**  求 $f(z) = |z|^2$ 的导数.

**解**  因为

$$\lim_{\Delta z \to 0} \frac{f(z+\Delta z)-f(z)}{\Delta z} = \lim_{\Delta z \to 0} \frac{|z+\Delta z|^2 - |z|^2}{\Delta z}$$

$$= \lim_{\Delta z \to 0} \frac{(z+\Delta z)(\overline{z+\Delta z}) - z\overline{z}}{\Delta z}$$

$$= \lim_{\Delta z \to 0} \left( \overline{z} + \overline{\Delta z} + z\frac{\overline{\Delta z}}{\Delta z} \right).$$

可见只有当 $z=0$ 时上述极限才存在且为 0，所以函数 $f(z)$ 在复平面 $C$ 上除 $z=0$ 外处处不可导.

**2. 可导与连续的关系**

从例 2.1.3 中易见 $f(z) = \overline{z}$ 在复平面 $C$ 上处处连续却处处不可导.另一方面函数在 $z$ 处可导则一定连续.

事实上，若 $f(z)$ 在 $z$ 处可导，由导数的定义，对于任给的 $\varepsilon > 0$，相应地有 $\delta(\varepsilon) > 0$，使得当 $0 < |\Delta z| < \delta$ 时，有

$$\left| \frac{f(z_0+\Delta z)-f(z_0)}{\Delta z} - f'(z_0) \right| < \varepsilon.$$

令

$$\rho(\Delta z) = \frac{f(z_0+\Delta z)-f(z_0)}{\Delta z} - f'(z_0). \tag{2.1.2}$$

那么

$$\lim_{\Delta z \to 0} \rho(\Delta z) = 0.$$

由此可得

$$\lim_{\Delta z \to 0} f(z_0 + \Delta z) = \lim_{\Delta z \to 0} \left[ f(z_0) + f'(z_0)\Delta z + \rho(\Delta z)\Delta z \right]$$
$$= f(z_0),$$

即 $f(z)$ 在 $z_0$ 处连续.

**3. 复变函数的求导法则**

由复变函数的导数定义与一元实函数导数定义形式上完全一致，且复变函数的极限运算法则与一元实函数中的一样，因而实函数中的求导法则可以不加更改地推广到复变函数中，且证法是相同的. 现将几个常用的求导公式与法则罗列于下.

（1）$(c)' = 0$，其中 $c$ 为复常数.

（2）$(z^n)' = nz^{n-1}$，其中 $n$ 为整数.

（3）$\left[ f(z) \pm g(z) \right]' = f'(z) \pm g'(z)$.

（4）$\left[ f(z)g(z) \right]' = f'(z)g(z) + f(z)g'(z)$.

（5）$\left[ \dfrac{f(z)}{g(z)} \right]' = \dfrac{f'(z)g(z) - f(z)g'(z)}{g^2(z)}$，$g(z) \neq 0$.

（6）$\left\{ f\left[ g(z) \right] \right\}' = f'(w)g'(z)$，其中 $w = g(z)$.

（7）$f'(z) = \dfrac{1}{\varphi'(w)}$，其中 $w = f(z)$ 与 $z = \varphi(w)$ 是两个互为反函数的单值函数，且 $\varphi'(w) \neq 0$.

## 2.1.2 复变函数微分的概念

复变函数的微分概念与实变函数的微分概念是类似的. 如果函数 $f(z)$ 在 $z_0$ 处可导，由式(2.1.2)可知

$$\Delta w = f(z_0 + \Delta z) - f(z_0) = f'(z_0)\Delta z + \rho(\Delta z)\Delta z，其中 \lim_{\Delta z \to 0} \rho(\Delta z) = 0.$$

我们称函数 $w = f(z)$ 的改变量 $\Delta w$ 的线性部分 $f'(z_0)\Delta z$ 为函数 $w = f(z)$ 在 $z_0$ 处的微分，记作

$$\mathrm{d}w = f'(z_0)\Delta z. \tag{2.1.3}$$

特别地，当 $f(z) = z$ 时，$\mathrm{d}z = \Delta z$，此时式(2.1.3)就变为 $\mathrm{d}w = f'(z_0)\mathrm{d}z$，同时我们也称函数 $w = f(z)$ 在 $z_0$ 处可微. 若函数 $w = f(z)$ 在区域 $D$ 内处处可微，则称函数 $w = f(z)$ 在 $D$ 内可微.

## 2.1.3　解析函数的概念

**定义 2.1.2**　如果函数 $f(z)$ 在 $z_0$ 及 $z_0$ 的邻域内处处可导，则称函数 $f(z)$ 在 $z_0$ 处解析；如果函数 $f(z)$ 在区域 $D$ 内处处解析，则称 $f(z)$ 在 $D$ 内解析，或称函数 $f(z)$ 是区域 $D$ 内的一个解析函数（全纯函数或正则函数）.

如果 $f(z)$ 在 $z_0$ 处不解析，则称 $z_0$ 为 $f(z)$ 的奇点.

由定义可知函数在区域内可导与解析是等价的. 但函数在一点处可导与解析是两个不等价的概念，函数在一点处解析一定可导；反之，函数在一点处可导却不一定在该点是解析的，即函数在某点处解析比可导要求的条件要强得多.

**例 2.1.4**　研究函数 $f(z) = z^3$，$f(z) = \overline{z}$，$f(z) = |z|^2$ 的解析性.

**解**　由例 2.1.1 知函数 $f(z) = z^3$ 在复平面 $C$ 上处处可导，所以处处解析；由例 2.1.2 知函数 $f(z) = \overline{z}$ 在复平面 $C$ 上处处不可导，所以处处不解析；由例 2.1.3 知函数 $f(z) = |z|^2$ 在复平面 $C$ 上除在 $z = 0$ 外处处不可导，所以函数仍然是处处不解析.

**例 2.1.5**　研究函数 $f(z) = \dfrac{1}{z^2}$ 的解析性.

**解**　因为 $f$ 在复平面 $C$ 上除 $z = 0$ 外处处可导，且

$$\frac{\mathrm{d}f}{\mathrm{d}z} = -\frac{2}{z^3}.$$

所以在除 $z = 0$ 外函数 $f(z) = \dfrac{1}{z^2}$ 处处解析，即 $z = 0$ 是它的奇点.

根据求导法则和解析的定义，可得下列定理.

**定理 2.1.1**　设在区域 $D$ 内有两个解析函数 $f(z)$ 与 $g(z)$，则 $f(z) \pm g(z)$，$f(z)g(z)$，$\dfrac{f(z)}{g(z)}$（除去分母为 0 的点）在区域 $D$ 内解析.

**定理 2.1.2**　设 $D_1, D_2$ 是 $C$ 内的两个区域，且

$$f: D_1 \to D_2, \quad g: D_2 \to D$$

都是解析函数，那么 $h(z) = g(f(z))$ 是 $D_1 \to D$ 的解析函数，而且 $h'(z) = g'(f(z))f'(z)$.

从定理 2.1.1 和定理 2.1.2 可推知，所有多项式在复平面 $C$ 上处处解析，有理分式函数 $\dfrac{P(z)}{Q(z)}$ 在不含分母为零的点的区域内是解析的，而分母为零的点是它的奇点.

## 2.2 函数解析的充要条件

从 2.1 节我们看到，在形式上复变函数的导数及其运算法则与实变函数几乎没有什么不同，可是在实质上两者之间的差别是很大的，实变函数可微这一条件较易满足，而复变函数的可微则不但要求其实部及虚部必须可微，而且实部与虚部之间必须存在一定的联系. 要使复变函数在一点可微，它的实部与虚部之间应满足怎样的条件呢? 下面的定理回答了这个问题.

**定理 2.2.1** 设函数 $f(z) = u(x,y) + \mathrm{i}v(x,y)$ 定义在区域 $D$ 内，则函数 $f(z)$ 在区域 $D$ 内一点 $z = x + \mathrm{i}y$ 可导的充要条件是: $u(x,y)$ 与 $v(x,y)$ 在点 $(x,y)$ 可微，并且在该点满足柯西-黎曼（Cauchy-Riemann）方程（通常简称 C-R 方程）

$$\frac{\partial u}{\partial x} = \frac{\partial v}{\partial y}, \quad \frac{\partial u}{\partial y} = -\frac{\partial v}{\partial x}. \tag{2.2.1}$$

**证** 先证条件的必要性. 设 $f(z)$ 在 $z = x + \mathrm{i}y$ 处可导，有导数 $f'(z) = a + \mathrm{i}b$，这里 $a$ 及 $b$ 为实数，根据微分的定义，当 $z + \Delta z \in D$ 时 $(\Delta z \neq 0)$，有

$$f(z + \Delta z) - f(z) = f'(z)\Delta z + \rho(\Delta z)\Delta z,$$

其中 $\lim\limits_{\Delta z \to 0} \rho(\Delta z) = 0$，令

$$f(z + \Delta z) - f(z) = \Delta u + \mathrm{i}\Delta v, \quad \rho(\Delta z) = \rho_1 + \mathrm{i}\rho_2,$$

其中 $\rho_1$, $\rho_2$ 是实变量函数. 则有

$$\Delta u + \mathrm{i}\Delta v = (a + \mathrm{i}b)(\Delta x + \mathrm{i}\Delta y) + (\rho_1 + \mathrm{i}\rho_2)(\Delta x + \mathrm{i}\Delta y),$$

比较等式的两边，于是有

$$\Delta u = a\Delta x - b\Delta y + \rho_1\Delta x - \rho_2\Delta y,$$

$$\Delta v = b\Delta x + a\Delta y + \rho_2\Delta x + \rho_1\Delta y.$$

由于 $\lim\limits_{\Delta z \to 0} \rho(\Delta z) = 0$，所以

$$\lim_{\substack{\Delta x \to 0 \\ \Delta y \to 0}} \rho_1 = 0, \quad \lim_{\substack{\Delta x \to 0 \\ \Delta y \to 0}} \rho_2 = 0.$$

可见，$u(x,y)$ 与 $v(x,y)$ 在点 $(x,y)$ 可微，并且在该点满足柯西-黎曼方程

$$\frac{\partial u}{\partial x} = \frac{\partial v}{\partial y}, \quad \frac{\partial u}{\partial y} = -\frac{\partial v}{\partial x}.$$

再证充分性. 由于

$$\begin{aligned} f(z + \Delta z) - f(z) &= u(x + \Delta x, y + \Delta y) - u(x,y) + \mathrm{i}[v(x + \Delta x, y + \Delta y) - v(x,y)] \\ &= \Delta u + \mathrm{i}\Delta v, \end{aligned}$$

设 $u(x,y)$ 与 $v(x,y)$ 在点 $(x,y)$ 可微，并且在该点满足柯西-黎曼方程

$$\frac{\partial u}{\partial x} = \frac{\partial v}{\partial y} = a, \quad \frac{\partial u}{\partial y} = -\frac{\partial v}{\partial x} = -b,$$

则有

$$\Delta u = \frac{\partial u}{\partial x}\Delta x + \frac{\partial u}{\partial y}\Delta y + \varepsilon_1 \Delta x + \varepsilon_2 \Delta y,$$

$$\Delta v = \frac{\partial v}{\partial x}\Delta x + \frac{\partial v}{\partial y}\Delta y + \varepsilon_3 \Delta x + \varepsilon_4 \Delta y,$$

其中

$$\lim_{\substack{\Delta x \to 0 \\ \Delta y \to 0}} \varepsilon_k = 0 \quad (k = 1,2,3,4).$$

因此

$$f(z+\Delta z) - f(z) = \Delta u + \mathrm{i}\Delta v$$

$$= \left(\frac{\partial u}{\partial x} + \mathrm{i}\frac{\partial v}{\partial x}\right)\Delta x + \left(\frac{\partial u}{\partial y} + \mathrm{i}\frac{\partial v}{\partial y}\right)\Delta y + (\varepsilon_1 + \mathrm{i}\varepsilon_3)\Delta x + (\varepsilon_2 + \mathrm{i}\varepsilon_4)\Delta y,$$

由式(2.2.1)可推得

$$\frac{f(z+\Delta z) - f(z)}{\Delta z} = \frac{\partial u}{\partial x} + \mathrm{i}\frac{\partial v}{\partial x} + (\varepsilon_1 + \mathrm{i}\varepsilon_3)\frac{\Delta x}{\Delta z} + (\varepsilon_2 + \mathrm{i}\varepsilon_4)\frac{\Delta y}{\Delta z}.$$

因为 $\left|\dfrac{\Delta x}{\Delta z}\right| \leqslant 1$，$\left|\dfrac{\Delta y}{\Delta z}\right| \leqslant 1$，故当 $\Delta z$ 趋于零时，上式右端的最后两项的极限趋于零，因此有

$$f'(z) = \lim_{\Delta z \to 0}\frac{f(z+\Delta z) - f(z)}{\Delta z} = \frac{\partial u}{\partial x} + \mathrm{i}\frac{\partial v}{\partial x}. \tag{2.2.2}$$

即函数 $f(z)$ 在 $z = x + \mathrm{i}y$ 处可导.

由式（2.2.2）及柯西-黎曼方程，立即可得函数 $f(z) = u(x,y) + \mathrm{i}v(x,y)$ 在 $z = x + \mathrm{i}y$ 处的导数公式

$$f'(z) = \frac{\partial u}{\partial x} + \mathrm{i}\frac{\partial v}{\partial x} = \frac{1}{\mathrm{i}}\frac{\partial u}{\partial y} + \frac{\partial v}{\partial y}$$

$$= \frac{\partial u}{\partial x} + \frac{1}{\mathrm{i}}\frac{\partial u}{\partial y} = \mathrm{i}\frac{\partial v}{\partial x} + \frac{\partial v}{\partial y}.$$

**推论 2.2.1**　设函数 $f(z) = u(x,y) + \mathrm{i}v(x,y)$，如果 $u(x,y)$ 与 $v(x,y)$ 的四个一

阶偏导数 $\dfrac{\partial u}{\partial x}, \dfrac{\partial u}{\partial y}, \dfrac{\partial v}{\partial x}, \dfrac{\partial v}{\partial y}$ 在点 $(x, y)$ 处连续，并且在该点满足柯西-黎曼方程，则函数 $f(z)$ 在点 $z = x + \mathrm{i}y$ 可导.

根据函数在区域内解析的定义和上述定理 2.2.1 及推论 2.2.1 可得到下面的定理及推论.

**定理 2.2.2**　设函数 $f(z) = u(x, y) + \mathrm{i}v(x, y)$ 定义在区域 $D$ 内，则函数在区域 $D$ 内解析的充要条件是：$u(x, y)$ 与 $v(x, y)$ 在区域 $D$ 内可微，且在 $D$ 内满足柯西-黎曼方程(2.2.1).

**推论 2.2.2**　设函数 $f(z) = u(x, y) + \mathrm{i}v(x, y)$ 定义在区域 $D$ 内，如果 $u(x, y)$ 与 $v(x, y)$ 的四个一阶偏导数 $\dfrac{\partial u}{\partial x}, \dfrac{\partial u}{\partial y}, \dfrac{\partial v}{\partial x}, \dfrac{\partial v}{\partial y}$ 在点 $D$ 内连续，并且满足柯西-黎曼方程(2.2.1)，则函数 $f(z)$ 在 $D$ 内解析.

**例 2.2.1**　判断下列函数在何处可导，在何处解析.

（1）$w = \mathrm{i}\bar{z}$；　　（2）$w = \mathrm{e}^x(\cos y + \mathrm{i}\sin y)$；　　（3）$w = x^2 + xy\mathrm{i}$.

**解**　（1）因为 $u = y, v = x$.

$$\frac{\partial u}{\partial x} = 0, \quad \frac{\partial u}{\partial y} = 1; \quad \frac{\partial v}{\partial x} = 1, \quad \frac{\partial v}{\partial y} = 0.$$

可知不满足柯西-黎曼方程，所以 $w = \mathrm{i}\bar{z}$ 在复平面上处处不可导，从而处处不解析.

（2）因为 $u = \mathrm{e}^x \cos y, v = \mathrm{e}^x \sin y$. 求偏导数得到

$$\frac{\partial u}{\partial x} = \mathrm{e}^x \cos y, \quad \frac{\partial u}{\partial y} = -\mathrm{e}^x \sin y, \quad \frac{\partial v}{\partial x} = \mathrm{e}^x \sin y, \quad \frac{\partial v}{\partial y} = \mathrm{e}^x \cos y,$$

从而

$$\frac{\partial u}{\partial x} = \frac{\partial v}{\partial y}, \quad \frac{\partial u}{\partial y} = -\frac{\partial v}{\partial x}.$$

并且上述四个一阶偏导数均连续，所以在复平面上处处可导，从而在复平面上处处解析. 根据式(2.2.2)，有

$$f'(z) = \frac{\partial u}{\partial x} + \mathrm{i}\frac{\partial v}{\partial x} = \mathrm{e}^x \cos y + \mathrm{i}\mathrm{e}^x \sin y = f(z).$$

（3）因为 $u = x^2$，$v = xy$. 故有

$$\frac{\partial u}{\partial x} = 2x, \quad \frac{\partial u}{\partial y} = 0, \quad \frac{\partial v}{\partial x} = y, \quad \frac{\partial v}{\partial y} = x.$$

上述四个偏导数均连续，但只在 $x=y=0$ 处满足 C-R 方程，因而函数 $w=x^2+xyi$ 仅在 $z=0$ 点可导，从而在复平面上处处不解析.

**例 2.2.2**　若 $f'(z)$ 在区域 $D$ 内处处为零，则 $f(z)$ 在区域 $D$ 内恒为常数.

**证**　因为

$$f'(z)=\frac{\partial u}{\partial x}+\mathrm{i}\frac{\partial v}{\partial x}=\frac{\partial v}{\partial y}+\frac{1}{\mathrm{i}}\frac{\partial u}{\partial y}=0.$$

故

$$\frac{\partial u}{\partial x}=\frac{\partial u}{\partial y}=\frac{\partial v}{\partial x}=\frac{\partial v}{\partial y}=0.$$

所以 $u,v$ 皆为常数，因而 $f(z)$ 在区域 $D$ 内恒为常数.

**例 2.2.3**　如果函数 $f(z)=u+\mathrm{i}v$ 为一解析函数，且 $f'(z)\neq0$，那么曲线族 $u(x,y)=c_1$ 和 $v(x,y)=c_2$ 必相互正交，其中 $c_1,c_2$ 为常数.

**证**　由于 $f'(z)=\dfrac{1}{\mathrm{i}}u_y+v_y\neq0$，故 $u_y$ 与 $v_y$ 必不全为零.

如果在曲线交点处 $u_y$ 与 $v_y$ 全不为零，由隐函数求导法知曲线族 $u(x,y)=c_1$ 和 $v(x,y)=c_2$ 中任一条曲线的斜率分别为

$$k_1=-u_x/u_y,\quad k_2=-v_x/v_y,$$

由柯西-黎曼方程得

$$k_1\cdot k_2=(-u_x/u_y)(-v_x/v_y)=(-v_y/u_y)(u_y/v_y)=-1.$$

因此，曲线族 $u(x,y)=c_1$ 和 $v(x,y)=c_2$ 相互正交.

如果 $u_y$ 与 $v_y$ 中有一个为零，则另一个必不为零，此时易知两族中的曲线在交点处的切线一条是水平的，另一条是铅直的，它们仍互相正交.

**例 2.2.4**　设函数 $f(z)=x^2=axy+by^2+\mathrm{i}(cx^2+dxy+y^2)$. 问常数 $a,b,c,d$ 取何值时函数在复平面内处处解析？

**解**　由于

$$\frac{\partial u}{\partial x}=2x+ay,\quad \frac{\partial u}{\partial y}=ax+2by,$$

$$\frac{\partial v}{\partial x}=2cx+dy,\quad \frac{\partial v}{\partial y}=dx+2y.$$

从而要使

$$\frac{\partial u}{\partial x}=\frac{\partial v}{\partial y},\quad \frac{\partial u}{\partial y}=-\frac{\partial v}{\partial x}.$$

只需

$$2x + ay = dx + 2y, \quad 2cx + dy = -ax - 2by.$$

因此, $a = 2, b = -1, c = -1, d = 2$ 时, 此函数在复平面内处处解析.

## 2.3 初等函数

本节中把高等数学中的一些初等函数推广到复变函数的情形, 并研究这些函数的性质, 以及讨论它们的解析性.

### 2.3.1 指数函数

**定义 2.3.1** 对于复变量 $z = x + \mathrm{i}y$, 称

$$w = \mathrm{e}^z = \mathrm{e}^{x+\mathrm{i}y} = \mathrm{e}^x(\cos y + \mathrm{i}\sin y) \tag{2.3.1}$$

为指数函数. 指数函数满足:

(1) $\mathrm{e}^z$ 在复平面内处处解析;

(2) $(\mathrm{e}^z)' = \mathrm{e}^z$;

(3) 当 $y = \mathrm{Im}\, z = 0$ 时, $\mathrm{e}^z = \mathrm{e}^x$.

由 (3) 可见, 复变量指数函数 $\mathrm{e}^z$ 是实变量指数函数 $\mathrm{e}^x$ 在复平面上的解析拓广.

**指数函数的性质**

(1)
$$\left.\begin{array}{r}\left|\mathrm{e}^z\right| = \mathrm{e}^x \\ \mathrm{Arg}(\mathrm{e}^z) = y + 2k\pi\end{array}\right\}, \tag{2.3.2}$$

其中 $k$ 为任何整数.

(2) 同实变量的情形一样, $\mathrm{e}^z$ 服从加法定理

$$\mathrm{e}^{z_1+z_2} = \mathrm{e}^{z_1} \cdot \mathrm{e}^{z_2}. \tag{2.3.3}$$

事实上, 设 $z_1 = x_1 + \mathrm{i}y_1, z_2 = x_2 + \mathrm{i}y_2$, 则有

$$\begin{aligned}
\mathrm{e}^{z_1} \cdot \mathrm{e}^{z_2} &= \mathrm{e}^{x_1}(\cos y_1 + \mathrm{i}\sin y_1) \cdot \mathrm{e}^{x_2}(\cos y_2 + \mathrm{i}\sin y_2) \\
&= \mathrm{e}^{x_1+x_2}\left[(\cos y_1 \cos y_2 - \sin y_1 \sin y_2) + \mathrm{i}(\sin y_1 \cos y_2 + \cos y_1 \sin y_2)\right] \\
&= \mathrm{e}^{x_1+x_2}\left[\cos(y_1+y_2) + \mathrm{i}\sin(y_1+y_2)\right] \\
&= \mathrm{e}^{z_1+z_2}.
\end{aligned}$$

(3) 当 $x = 0$ 时, 就是高等数学里的欧拉公式

$$\mathrm{e}^{\mathrm{i}y} = \cos y + \mathrm{i}\sin y.$$

（4）周期性

由于

$$e^{z+2k\pi i} = e^z \cdot e^{2k\pi i} = e^z(\cos 2k\pi + i\sin 2k\pi) = e^z,$$

可见 $e^z$ 是以 $2k\pi i$ 为周期的函数，其中 $k$ 是整数，这是实变量指数函数 $e^x$ 所没有的性质.

## 2.3.2　对数函数

**定义 2.3.2**　满足方程 $e^w = z \ (z \neq 0)$ 的函数 $w = f(z)$ 称为对数函数，记作 $w = \mathrm{Ln}\, z$. 令 $z = re^{i\theta}, w = u + iv$，则方程 $e^w = z$ 变为

$$e^{u+iv} = re^{i\theta}.$$

由此推得

$$e^u = r, \quad v = \theta + 2k\pi \quad (k = 0, \pm 1, 2, \cdots).$$

从而解得

$$u = \ln r, \quad v = \theta + 2k\pi \quad (k = 0, \pm 1, \pm 2, \cdots).$$

由于 $r = |z|, v = \mathrm{Arg}\, z.$ 由此

$$w = \mathrm{Ln}\, z = \ln|z| + i\mathrm{Arg}z \quad (z \neq 0). \tag{2.3.4}$$

由于 $\mathrm{Arg}\, z = \arg z + 2k\pi$ 为多值函数，故 $\mathrm{Ln}\, z$ 是多值函数，且有

$$w = \mathrm{Ln}\, z = \ln|z| + i\arg z + 2k\pi i \quad (k = 0, \pm 1, \pm 2, \cdots).$$

在上式中，对每一个 $k$ 都确定一个单值函数，其称为 $\mathrm{Ln}\, z$ 的一个分支. 其中当 $k = 0$ 时，

$$w = \ln|z| + i\arg z. \tag{2.3.5}$$

$\mathrm{Ln}\, z$ 的**主值支**记为 $\ln z$，于是有

$$\mathrm{Ln}\, z = \ln z + 2k\pi i \quad (k = \pm 1, \pm 2, \cdots). \tag{2.3.6}$$

特别地，当 $z = x > 0$ 时，$\mathrm{Ln}\, z$ 的主值支 $\ln z = \ln x$ 就是实数对数函数. 由以上讨论可知，在复变函数中对数函数也是指数函数的反函数.

**例 2.3.1**　求 $\mathrm{Ln}\, 1, \ln 1, \mathrm{Ln}(-1), \ln(-1)$ 的值.

**解**　$\mathrm{Ln}\, 1 = \ln 1 + 2k\pi i = 2k\pi i \quad (k = 0, \pm 1, \pm 2, \cdots)$，

$\ln 1 = 0$,

$$\mathrm{Ln}(-1) = \ln|-1| + i\arg(-1) + 2k\pi i = \ln 1 + i\pi + 2k\pi i$$
$$= (2k+1)\pi i \quad (k = 0, \pm 1, \pm 2, \cdots),$$

$$\ln(-1) = \ln|-1| + i\arg(-1) = \pi i.$$

在实变量函数中，负数无对数. 此例说明这个事实在复变函数中不再成立，而且正实数的对数也是无穷多值的. 因此，复变数对数是实变数对数的拓广.

**对数函数的性质**

利用辐角的性质，易证对数函数具有下列性质：

（1）运算性质

$$\mathrm{Ln}(z_1 z_2) = \mathrm{Ln}\, z_1 + \mathrm{Ln}\, z_2 ; \qquad \mathrm{Ln}\frac{z_1}{z_2} = \mathrm{Ln}\, z_1 - \mathrm{Ln}\, z_2 .$$

可以发现复变函数与实变量函数相应的性质类似，但应注意，与第 1 章中关于积与商的辐角等式一样,这些等式应理解为两端可能取值的全体是相同的，还应注意到等式

$$\mathrm{Ln}\, z^n = n\mathrm{Ln}\, z, \quad \mathrm{Ln}\, \sqrt[n]{z} = \frac{1}{n}\mathrm{Ln}\, z$$

不再成立，其中 $n$ 是大于 1 的整数.

（2）解析性

由式(2.3.6)可知，对数函数 $w = \mathrm{Ln}\, z$ 的各支与主值支 $w = \ln z$ 相差 $2\pi\mathrm{i}$ 的整数倍，所以我们只就其主值支的解析性进行讨论.

$\ln|z|$ 在除原点外处处连续，由于设 $z = x + \mathrm{i}y$ ，则当 $x < 0$ 时，$\lim\limits_{y \to 0^-} \arg z = -\pi$ ，$\lim\limits_{y \to 0^+} \arg z = \pi$ ，所以 $\arg z$ 在除原点和负实轴上的点外处处连续，所以，除去原点与负实轴，$\ln z$ 在复平面内处处连续.在区域 $-\pi < \arg z < \pi$ 内函数 $z = \mathrm{e}^w$ 的反函数 $w = \ln z$ 是单值的，且由反函数的求导法则可知

$$\frac{\mathrm{d}\ln z}{\mathrm{d}z} = \frac{1}{\dfrac{\mathrm{d}\mathrm{e}^w}{\mathrm{d}w}} = \frac{1}{z}.$$

所以，$w = \ln z$ 在复平面内除原点和负实轴外处处可导，也处处解析. 由式(2.3.6)知，对数函数 $w = \mathrm{Ln}\, z$ 的各个分支在复平面内除原点和负实轴外处处可导，也处处解析，且有相同的导数值.

### 2.3.3  幂函数

**定义 2.3.3**  函数

$$w = z^\alpha = \mathrm{e}^{\alpha \mathrm{Ln}\, z} \quad （\alpha \text{ 为复数}，\ z \neq 0） \tag{2.3.7}$$

称为复变量 $z$ 的幂函数.

规定：在 $\alpha$ 是正实数且当 $z = 0$ 时，$z^\alpha = 0$. 由于 $\mathrm{Ln}\, z$ 是多值函数，所以 $\mathrm{e}^{\alpha \mathrm{Ln}\, z}$

一般也是多值函数.

由式(2.3.7)可得

$$w = z^{\alpha} = \mathrm{e}^{\alpha \mathrm{Ln}\, z} = \mathrm{e}^{\alpha \ln z} \mathrm{e}^{\alpha \cdot 2k\pi \mathrm{i}} \quad (k \in \mathbb{Z}).$$

由此可见上式的多值性与后一项含 $k$ 的因子 $\mathrm{e}^{\alpha \cdot 2k\pi \mathrm{i}}$ 有关,下面介绍上式中 $\alpha$ 为整数和有理数的两种常见情形:

当 $\alpha$ 为整数时,$\mathrm{e}^{\alpha \cdot 2k\pi \mathrm{i}} = 1$,函数 $w = z^{\alpha}$ 是单值函数.

当 $\alpha$ 为有理数时,其既约分数表示为 $\dfrac{m}{n}$,$n \geq 1$,

$$\mathrm{e}^{\alpha \cdot 2k\pi \mathrm{i}} = \cos\left(\frac{m}{n} \cdot 2k\pi\right) + \mathrm{i}\sin\left(\frac{m}{n} \cdot 2k\pi\right).$$

当 $k$ 取 $0, 1, \cdots, n-1$ 时,$\mathrm{e}^{\frac{m}{n} \cdot 2k\pi \mathrm{i}} = (\mathrm{e}^{m \cdot 2k\pi \mathrm{i}})^{\frac{1}{n}}$ 是 $n$ 个不同的值,所以函数 $w = z^{\alpha}$ 有 $n$ 个不同的值. 特别地,当 $\alpha = \dfrac{1}{n}$ 时,

$$\begin{aligned} z^{\alpha} = z^{\frac{1}{n}} &= \mathrm{e}^{\frac{1}{n}\ln|z|}\left(\cos\frac{\arg z + 2k\pi}{n} + \mathrm{i}\sin\frac{\arg z + 2k\pi}{n}\right) \\ &= |z|^{\frac{1}{n}}\left(\cos\frac{\arg z + 2k\pi}{n} + \mathrm{i}\sin\frac{\arg z + 2k\pi}{n}\right) \\ &= \sqrt[n]{z}. \end{aligned} \tag{2.3.8}$$

当 $\alpha$ 是无理数或虚数时,$\mathrm{e}^{\alpha \cdot 2k\pi \mathrm{i}}(k \in \mathbb{Z})$ 是无穷多值的,所以函数 $w = z^{\alpha}$ 是无穷多值的. 由于 $\mathrm{Ln}\, z$ 的各个分支在复平面内除原点和负实轴外处处解析,因而函数 $w = z^{\alpha}$ 的各个分支在复平面内除原点和负实轴外处处解析,且有 $(z^{\alpha})' = \alpha z^{\alpha-1}$. 需要指出的是,当 $\alpha$ 是正整数时,函数 $w = z^{\alpha}$ 在复平面内是处处解析的.

**例 2.3.2**　求 $1^{\sqrt{3}}$,$2^{1+\mathrm{i}}$ 的值.

**解**　$1^{\sqrt{3}} = \mathrm{e}^{\sqrt{3}\mathrm{Ln}\,1} = \mathrm{e}^{2\sqrt{3}k\pi \mathrm{i}}$

$$= \cos(2\sqrt{3}k\pi) + \mathrm{i}\sin(2\sqrt{3}k\pi) \quad (k \in \mathbb{Z}),$$

$$2^{1+\mathrm{i}} = \mathrm{e}^{(1+\mathrm{i})\mathrm{Ln}\,2} = \mathrm{e}^{(1+\mathrm{i})(\ln 2 + 2k\pi \mathrm{i})} = \mathrm{e}^{\ln 2 - 2k\pi + \mathrm{i}(\ln 2 + 2k\pi)} \quad (k \in \mathbb{Z}).$$

**例 2.3.3**　求 $\mathrm{e}^{\mathrm{i}}$ 的值和主值.

**解**　$\mathrm{e}^{\mathrm{i}} = \mathrm{e}^{\mathrm{i}\mathrm{Ln}\,\mathrm{e}} = \mathrm{e}^{\mathrm{i}[\ln|\mathrm{e}| + \mathrm{i}(\arg \mathrm{e} + 2k\pi)]} = \mathrm{e}^{\mathrm{i}(1 + 2k\pi \mathrm{i})} = \mathrm{e}^{-2k\pi + \mathrm{i}}$

$$= \mathrm{e}^{-2k\pi}(\cos 1 + \mathrm{i}\sin 1) \quad (k = 0, \pm 1, \pm 2, \cdots).$$

即 $k = 0$ 时,其主值为 $\sin 1 + \mathrm{i}\cos 1$.

值得注意的是前面讲指数函数 $e^z$ 的时候，由 $e^z = e^x(\cos y + i\sin y)$ 可得 $e^i = \cos 1 + i\sin 1$，是单值的，显然与本例将 $e^b$ 看成是乘幂的结果是不一样的.有些书中为了区别两者的不同，将指数函数记作 $\exp\{z\}$.

### 2.3.4 三角函数

由式(2.3.7)，对任何实数 $y$，有

$$e^{iy} = \cos y + i\sin y, \quad e^{-iy} = \cos y - i\sin y.$$

对上式进行加或减运算，于是有

$$\cos y = \frac{e^{iy} + e^{-iy}}{2}, \quad \sin y = \frac{e^{iy} - e^{-iy}}{2i}. \tag{2.3.9}$$

现在把正弦函数和余弦函数的定义推广到自变量为复数的情形.

**定义 2.3.4** 定义函数 $\dfrac{e^{iz} - e^{-iz}}{2i}$ 和 $\dfrac{e^{iz} + e^{-iz}}{2}$ 分别称为复变量 $z$ 的正弦函数与余弦函数，记作 $\sin z$ 和 $\cos z$，即

$$\sin z = \frac{e^{iz} - e^{-iz}}{2i}, \quad \cos z = \frac{e^{iz} + e^{-iz}}{2}. \tag{2.3.10}$$

当 $z$ 为实数时，式(2.3.10)就是式(2.3.9)，另外由式(2.3.10)可见，对任何复数 $z$，欧拉公式仍然成立：

$$e^{iz} = \cos z + i\sin z. \tag{2.3.11}$$

**复变量正弦函数及余弦函数的性质**

复变量正弦函数及余弦函数有许多性质与实变量正弦函数及余弦函数的性质是类似的，现举例如下：

（1）$\cos z$ 是偶函数，$\sin z$ 是奇函数；因为

$$\cos(-z) = \frac{e^{-iz} + e^{-(-iz)}}{2} = \cos z, \quad \sin(-z) = \frac{e^{-iz} - e^{-(-iz)}}{2i} = -\sin z.$$

（2）$\cos z$ 与 $\sin z$ 都有周期 $2\pi$；因为

$$\cos(z + 2k\pi) = \cos z, \quad \sin(z + 2k\pi) = \sin z.$$

（3）$\cos^2 z + \sin^2 z = 1$；

（4）$\cos(z_1 \pm z_2) = \cos z_1 \cos z_2 \mp \sin z_1 \sin z_2$；

（5）$\sin(z_1 \pm z_2) = \sin z_1 \cos z_2 \pm \cos z_1 \sin z_2$；

（6）$\cos z$ 与 $\sin z$ 都是单值函数.

以上各性质都可由式(2.3.10)推出，请读者自己做出证明.

但是我们在这里还要特别地指出，由性质（3）不能推出 $|\cos z|\leqslant 1$ 及 $|\sin z|\leqslant 1$，因为一般来说，$\cos^2 z$ 及 $\sin^2 z$ 不是非负的实数，例如当 $z=3i$ 时，上述两个不等式就不成立. 事实上 $\cos z$ 与 $\sin z$ 在复数域都是无界的；例如当 $z=iy$ 时，有

$$\cos z=\frac{e^{-y}+e^{y}}{2},\quad \sin z=\frac{e^{-y}-e^{y}}{2i}.$$

当 $y\to\infty$ 时，模 $|\cos z|$ 及 $|\sin z|$ 都无限增大，可见 $\sin z$ 和 $\cos z$ 虽然保持了与其相应的实变量函数的一些基本性质，但是它们之间也有本质上的差异.

（7）解析性

$\cos z$ 与 $\sin z$ 在复平面上处处解析，且有

$$(\cos z)'=-\sin z,\quad (\sin z)'=\cos z.$$

引入 $\sin z$ 与 $\cos z$ 的定义，我们就可以定义并研究其他三角函数：

$$\tan z=\frac{\sin z}{\cos z},\quad \cot z=\frac{\cos z}{\sin z},\quad \sec z=\frac{1}{\cos z},\quad \csc z=\frac{1}{\sin z}.$$

这些函数在一定的区域内解析，且与实变量三角函数有类似的性质.

**例 2.3.4**　求 $\cos i,\sin i$ 的值.

**解**　$\cos i=\dfrac{e^{i\cdot i}+e^{-i\cdot i}}{2}=\dfrac{e^{-1}+e}{2}$，$\sin i=\dfrac{e^{i\cdot i}-e^{-i\cdot i}}{2i}=\dfrac{i}{2}(e-e^{-1})$.

## 2.3.5　反三角函数

反三角函数作为三角函数的反函数，定义如下：

**定义 2.3.5**　设 $z=\cos w$，则称 $w$ 为 $z$ 的反余弦函数，记作

$$w=\mathrm{Arc}\cos z.$$

由 $z=\cos w=\dfrac{e^{iw}+e^{-iw}}{2}$，可得关于 $e^{iw}$ 的二次方程：

$$(e^{iw})^2-2ze^{iw}+1=0,$$

解得

$$e^{iw}=z+\sqrt{z^2-1},$$

其中 $\sqrt{z^2-1}$ 应理解为双值函数，对上式两端取对数得

$$w=\mathrm{Arc}\cos z=-i\mathrm{Ln}(z+\sqrt{z^2-1}).$$

显然，反余弦函数 $w=\mathrm{Arc}\cos z$ 是多值函数，它的多值性正是余弦函数 $z=\cos w$ 的偶性和周期性的反映.

用同样的方法可以定义反正弦函数和反正切函数，且有

$$\text{Arc}\sin z = -\mathrm{i}\,\text{Ln}(\mathrm{i}z + \sqrt{1-z^2}),$$
$$\text{Arc}\tan z = \frac{\mathrm{i}}{2}\,\text{Ln}\frac{\mathrm{i}+z}{\mathrm{i}-z}.$$

与三角函数相关的是双曲函数,下面讨论有关双曲函数的问题.

### 2.3.6 双曲函数和反双曲函数

复变量双曲函数与实变量双曲函数的定义形式上是一样的.

**定义 2.3.6** 函数 $\sinh z = \dfrac{\mathrm{e}^z - \mathrm{e}^{-z}}{2}, \cosh z = \dfrac{\mathrm{e}^z + \mathrm{e}^{-z}}{2}$ 分别称为双曲正弦和双曲余弦.

易见它们在复平面上是处处解析的，且有：

$$(\sinh z)' = \cosh z, \quad (\cosh z)' = \sinh z;$$
$$\sinh(-z) = -\sinh z, \quad \cosh(-z) = \cosh z;$$
$$\cosh^2 z - \sinh^2 z = 1;$$
$$\sinh(z_1 + z_2) = \sinh z_1 \cosh z_2 + \cosh z_1 \sinh z_2;$$
$$\cosh(z_1 + z_2) = \cosh z_1 \cosh z_2 + \sinh z_1 \sinh z_2.$$

双曲函数与三角函数之间有如下关系:

（1） $\sinh z = -\mathrm{i}\sin \mathrm{i}z, \cosh z = \cos \mathrm{i}z$.

由上式可以看出双曲正弦和双曲余弦是单值函数且为以 $2\pi\mathrm{i}$ 为周期的函数.

（2） $\sin z = -\mathrm{i}\sinh(\mathrm{i}z), \cos z = \cosh(\mathrm{i}z)$；

（3） $\left|\sinh z\right|^2 = \sinh^2 x + \sin^2 y$；

（4） $\left|\cosh^2 z\right| = \sinh^2 x + \cos^2 y$；

（5） $\sinh z = \sinh x \cos y + \mathrm{i}\cosh x \sin y$；

（6） $\cosh z = \cosh x \cos y + \mathrm{i}\sinh x \sin y$.

由三角函数与双曲函数的定义不难证明上述等式,留给读者完成.其他的双曲函数的定义如下：

$$\tanh z = \frac{\sinh z}{\cosh z}, \quad \coth z = \frac{\cosh z}{\sinh z}.$$

它们在可定义的区域内是单值解析函数和周期函数.这里就不作详细的讨论了.

下面给出反双曲函数的定义分别如下：

反双曲正弦函数 $\qquad \text{Ar}\sinh z = \text{Ln}(z + \sqrt{z^2 + 1})$,

反双曲余弦函数　　　　$\operatorname{Ar}\cosh z = \operatorname{Ln}(z + \sqrt{z^2 - 1}),$

反双曲正切函数　　　　$\operatorname{Ar}\tanh z = \dfrac{1}{2}\operatorname{Ln}\dfrac{1+z}{1-z}.$

# 习题 2

**2.1**　利用导数定义推出下式.

（1）$(z^n)' = nz^{n-1}\ (n \in \mathbb{Z}, n > 0)$；　　　（2）$\left(\dfrac{1}{z}\right)' = -\dfrac{1}{z^2}$.

**2.2**　下列函数何处可导？何处有解析性？

（1）$f(z) = x^2 - y\mathrm{i}$；　　　　　　　（2）$f(z) = 2x^3 + 3y^3\mathrm{i}$；

（3）$f(z) = (x^2 - y^2 - x) + \mathrm{i}(2xy - y^2)$；

（4）$f(z) = \sin x \cosh y + \mathrm{i}\cos x \sinh y$.

**2.3**　指出下列函数的解析性区域，并给出其导数.

（1）$(z+1)^2$；　　　　　　　　　（2）$2z^3 + 3\mathrm{i}z$；

（3）$\dfrac{1}{z^2+1}$；　　　　　　　　（4）$\dfrac{az+b}{cz+d}$ （$c,d$ 中至少有一个不为 0）.

**2.4**　求下列函数的奇点.

（1）$\dfrac{z-1}{z^2(z^2+1)}$；　　　　　　　（2）$\dfrac{z-3}{(z^2+1)(z+1)^2}$.

**2.5**　如果 $f(z) = u(x,y) + \mathrm{i}v(x,y)$ 是解析函数，证明：

$$\left(\frac{\partial}{\partial x}|f(z)|\right)^2 + \left(\frac{\partial}{\partial y}|f(z)|\right)^2 = |f'(z)|^2.$$

**2.6**　证明柯西-黎曼方程的极坐标形式

$$\frac{\partial u}{\partial r} = \frac{1}{r}\frac{\partial v}{\partial \theta}, \quad \frac{\partial v}{\partial r} = -\frac{1}{r}\frac{\partial u}{\partial \theta}.$$

**2.7**　证明：如果 $f(z) = u(x,y) + \mathrm{i}v(x,y)$ 在区域 $D$ 内解析，并满足下列条件之一，那么 $f(z)$ 是常数.

（1）$f(z)$ 恒取实值；

（2）$\overline{f(z)}$ 在区域 $D$ 内解析；

（3）$|f(z)|$ 在区域 $D$ 内是一个常数；

（4）$\arg f(z)$ 在区域 $D$ 内是一个常数；

（5）$au(x,y) + bv(x,y) = c$，其中 $a,b$ 与 $c$ 为不全为零的实常数.

**2.8** 解下列方程.

    （1）$\sin z = 0$；                （2）$\cos z = 0$；

    （3）$e^z = 1 + \sqrt{3}i$；        （4）$\sin z + \cos z = 0$.

**2.9** 设 $my^3 + nx^2y + i(x^3 + lxy^2)$ 为解析函数，试确定 $l, m, n$ 的值.

**2.10** 求 $\mathrm{Ln}(-i), \ln(-i), \mathrm{Ln}(-3 + 4i), \ln(-3 + 4i)$ 的值.

**2.11** 求 $e^{1-i\frac{\pi}{2}}$，$\exp\left[(1 + i\pi)/4\right]$，$5^i$，$i^{1+i}$ 的值.

**2.12** 说明下列等式是否成立.

    （1）$\mathrm{Ln}\, z^2 = 2\mathrm{Ln}\, z$；         （2）$\mathrm{Ln}\sqrt{z} = \dfrac{1}{2}\mathrm{Ln}\, z$.

# 第3章 复变函数积分

在实变量函数微积分学中，微分与积分法是研究函数性质的重要方法.在复变函数中，微分与积分法同样也是研究解析函数性质的重要方法，同时微分与积分也是解决一些实际问题的有效工具.

本章首先介绍复变函数积分(简称复积分)的定义、性质及其计算方法，再介绍关于解析函数的柯西-古尔萨(Cauchy-Goursat)基本定理及其推广——复合闭路定理，在此基础上建立柯西积分公式，它们是探讨解析函数性质的理论基础，最后讨论解析函数与调和函数的关系.

## 3.1 复变函数积分的概念

### 3.1.1 复变函数积分的定义

设 $C$ 是复平面上的一条光滑（或逐段光滑）的曲线，且有两个端点 $A$ 与 $B$. 若规定从 $A$ 到 $B$ 的方向为正向，则称 $C$ 为有向曲线，并称 $A$ 为起点，$B$ 为终点. 此时从 $B$ 到 $A$ 的方向就是曲线 $C$ 的负方向，记作 $C^-$.

特殊地，当曲线 $C$ 是一条简单闭曲线时，则规定逆时针方向为正向.

**定义 3.1.1** 设 $C$ 是一条光滑或逐段光滑的有向曲线，其中 $A$ 为起点，$B$ 为终点(如图 3.1.1 所示). 函数 $f(z)$ 在曲线 $C$ 上有定义. 现在 $C$ 上插入 $n-1$ 个分点，将 $C$ 分割成 $n$ 个小弧段：

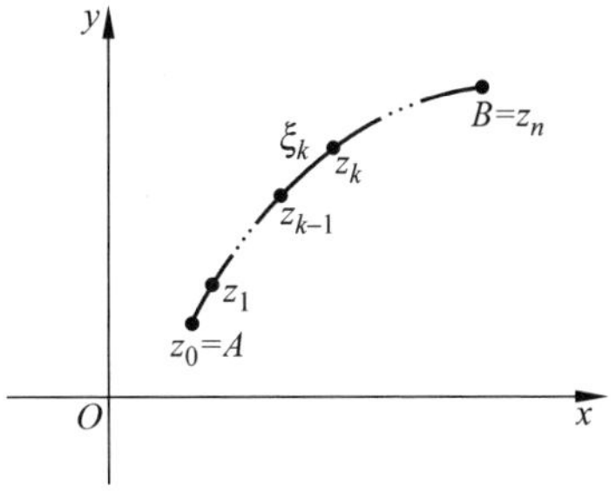

图 3.1.1

$$A = z_0, z_1, \cdots, z_{k-1}, z_k, \cdots, z_n = B,$$

在每个小弧段 $\overset{\frown}{z_{k-1}z_k}$ $(k = 1, 2, \cdots, n)$ 上任意取一点 $\xi_k$，并作和式

$$s_n = \sum_{k=1}^{n} f(\xi_k)\Delta z_k, \tag{3.1.1}$$

其中 $\Delta z_k = z_k - z_{k-1}$.

令 $\lambda$ 是所有 $n$ 个小弧段长度中的最大值，当 $\lambda \to 0$ 时，若无论对 $C$ 的分割及 $\xi_k$ 的取法如何，$s_n$ 都存在唯一极限，则称函数 $f(z)$ 沿曲线 $C$ 可积，且该极限值称为函数 $f(z)$ 沿曲线 $C$ 的积分. 记作

$$\int_C f(z)\mathrm{d}z = \lim_{\lambda \to 0}\sum_{k=1}^{n} f(\xi_k)\Delta z_k .$$

若曲线 $C$ 是闭曲线，函数 $f(z)$ 沿闭曲线的积分就记作 $\oint_C f(z)\mathrm{d}z$ .

复变函数的积分是实变量函数的定积分在复数域中的推广. 事实上，当曲线 $C$ 是实数轴上的一区间段 $x\in[a,b]$ 时，此时被积函数 $f(z)=u(x)$，于是上述复积分定义就是一元实变量函数定积分的定义.

## 3.1.2 复变函数积分的性质

利用复积分定义可以得到下列积分性质，它们与实变量函数的定积分的性质类似.

（1） $\int_{C^-} f(z)\mathrm{d}z = -\int_C f(z)\mathrm{d}z$ .

（2） $\int_C [k_1 f(z)+k_2 g(z)]\mathrm{d}z = k_1\int_C f(z)\mathrm{d}z + k_2\int_C g(z)\mathrm{d}z$ （其中 $k_1$，$k_2$ 为复常数）.

（3）设 $C_1$ 与 $C_2$ 是首尾相接的两段光滑曲线，则

$$\int_{C_1+C_2} f(z)\mathrm{d}z = \int_{C_1} f(z)\mathrm{d}z + \int_{C_2} f(z)\mathrm{d}z .$$

该性质称为积分对路径的可加性.

（4）设曲线 $C$ 的长度为 $L$，且在曲线 $C$ 上有 $|f(z)|\leqslant M$，则

$$\left|\int_C f(z)\mathrm{d}z\right| \leqslant \int_C |f(z)|\mathrm{d}s \leqslant ML .$$

该性质称为积分估值不等式.

事实上，$|\Delta z_k|$ 是 $z_k$ 与 $z_{k-1}$ 两点间的距离，$\Delta s_k$ 是该两点间的弧长，从而

$$\left|\sum_{k=1}^{n} f(\xi_k)\Delta z_k\right| \leqslant \sum_{k=1}^{n}|f(\xi_k)\Delta z_k| \leqslant \sum_{k=1}^{n}|f(\xi_k)|\Delta s_k .$$

上面不等式两端取极限，得

$$\left|\int_C f(z)\mathrm{d}z\right| \leqslant \int_C |f(z)|\mathrm{d}s \leqslant M\int_C \mathrm{d}s = ML .$$

若设 $\mathrm{d}z = \mathrm{d}x + \mathrm{i}\,\mathrm{d}y$，利用微积分学的知识，弧长微分 $\mathrm{d}s = \sqrt{(\mathrm{d}x)^2+(\mathrm{d}y)^2} = |\mathrm{d}z|$ .

## 3.1.3 复变函数积分存在的条件与基本计算方法

**定理 3.1.1** 若函数 $f(z)=u(x,y)+\mathrm{i}v(x,y)$ 在光滑曲线 $C$ 上连续，则 $f(z)$ 沿曲线 $C$ 可积，且

$$\int_C f(z)\mathrm{d}z = \int_C u\mathrm{d}x - v\mathrm{d}y + \mathrm{i}\int_C v\mathrm{d}x + u\mathrm{d}y . \tag{3.1.2}$$

**证**　利用复积分定义证明函数 $f(z)$ 可积. 因为函数 $f(z) = u(x, y) + iv(x, y)$ 在曲线 $C$ 上连续，令 $z_k = x_k + iy_k$，$\xi_k = \lambda_k + i\mu_k$，则

$$\Delta z_k = z_k - z_{k-1} = (x_k - x_{k-1}) + i(y_k - y_{k-1}) = \Delta x_k + i\Delta y_k.$$

代入积分和式

$$\sum_{k=1}^{n} f(\xi_k)\Delta z_k = \sum_{k=1}^{n} [u(\lambda_k, \mu_k) + iv(\lambda_k, \mu_k)](\Delta x_k + i\Delta y_k)$$

$$= \sum_{k=1}^{n} [u(\lambda_k, \mu_k)\Delta x_k - v(\lambda_k, \mu_k)\Delta y_k] + i\sum_{k=1}^{n} [v(\lambda_k, \mu_k)\Delta x_k + u(\lambda_k, \mu_k)\Delta y_k].$$

由于 $f(z)$ 在 $C$ 上连续，则 $u$ 与 $v$ 在 $C$ 上也连续. 因此，当 $n \to \infty$ 时，上式右端的两个积分和式的极限存在，即两个第二类曲线积分存在. 从而积分 $\int_C f(z)\mathrm{d}z$ 存在，并且

$$\int_C f(z)\mathrm{d}z = \int_C u\mathrm{d}x - v\mathrm{d}y + i\int_C v\mathrm{d}x + u\mathrm{d}y .$$

该定理说明复积分的计算方法就是将其转化为两个二元实变函数的第二类曲线积分来计算. 为了方便记忆，令 $\mathrm{d}z = \mathrm{d}x + i\mathrm{d}y$，$f(z) = u + iv$，于是式(3.1.2)可以改写为

$$\int_C f(z)\mathrm{d}z = \int_C (u + iv)(\mathrm{d}x + i\mathrm{d}y)$$

$$= \int_C u\mathrm{d}x - v\mathrm{d}y + i\int_C v\mathrm{d}x + u\mathrm{d}y.$$

下面介绍另一种计算方法：**参数方程法**.

设有向光滑曲线 $C$ 的参数式方程为

$$z(t) = x(t) + iy(t) \quad (t: \alpha \to \beta),$$

其中 $z(\alpha)$ 是起点，$z(\beta)$ 是终点. 据第二类曲线积分的计算方法，根据式(3.1.2)得

$$\int_C f(z)\mathrm{d}z = \int_\alpha^\beta \{u[x(t), y(t)]x'(t) - v[x(t), y(t)]y'(t)\}\mathrm{d}t$$

$$+ i\int_\alpha^\beta \{v[x(t), y(t)]x'(t) + u[x(t), y(t)]y'(t)\}\mathrm{d}t,$$

上式右端可以写成

$$\int_\alpha^\beta \{u[x(t), y(t)] + iv[x(t), y(t)]\}[x'(t) + iy'(t)]\mathrm{d}t = \int_\alpha^\beta f[z(t)]z'(t)\mathrm{d}t,$$

所以

$$\int_C f(z)\mathrm{d}z = \int_\alpha^\beta f[z(t)]z'(t)\mathrm{d}t .$$

例 **3.1.1** 计算积分 $\int_C z^2 \mathrm{d}z$ 和 $\int_C \overline{z}\mathrm{d}z$ ，其中有向曲线 $C$ 分别为(图 3.1.2)：

（1）从原点 $(0,0)$ 到 $(1,2)$ 的直线段；

（2）从原点 $(0,0)$ 到 $(1,0)$ ，再从 $(1,0)$ 到 $(1,2)$ 的折线段.

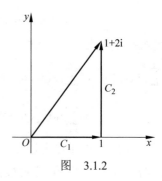

图 3.1.2

**解** （1） $C$ 的参数方程为 $z=(1+2\mathrm{i})t$ ， $t:0\to 1$ ，则 $\mathrm{d}z=z'(t)\mathrm{d}t=(1+2\mathrm{i})\mathrm{d}t$ . 于是

$$\int_C z^2 \mathrm{d}z = \int_0^1 [(1+2\mathrm{i})t]^2 (1+2\mathrm{i})\mathrm{d}t$$
$$= (1+2\mathrm{i})^3 \int_0^1 t^2 \mathrm{d}t = \frac{(1+2\mathrm{i})^3}{3},$$

$$\int_C \overline{z}\mathrm{d}z = \int_0^1 (1-2\mathrm{i})t(1+2\mathrm{i})\mathrm{d}t = 5\int_0^1 t\mathrm{d}t = \frac{5}{2}.$$

（2）记 $C=C_1+C_2$ ，其中 $C_1$ 的参数方程为 $z=t$ ， $t:0\to 1$ ； $C_2$ 的参数方程为 $z=1+\mathrm{i}t$ ， $t:0\to 2$ . 于是

$$\int_C z^2 \mathrm{d}z = \int_{C_1} z^2 \mathrm{d}z + \int_{C_2} z^2 \mathrm{d}z = \int_0^1 t^2 \mathrm{d}t + \int_0^2 (1+\mathrm{i}t)^2 \mathrm{i}\mathrm{d}t = \frac{(1+2\mathrm{i})^3}{3},$$

$$\int_C \overline{z}\mathrm{d}z = \int_{C_1} \overline{z}\mathrm{d}z + \int_{C_2} \overline{z}\mathrm{d}z = \int_0^1 t\mathrm{d}t + \int_0^2 (1-\mathrm{i}t)\mathrm{i}\mathrm{d}t = \frac{5+4\mathrm{i}}{2}.$$

例 **3.1.2** 计算积分 $\int_C \operatorname{Im}(z)\mathrm{d}z$ ，其中 $C$ 为右半单位圆域的正向边界线.

**解** 如图 3.1.3 所示，记积分路径 $C=C_1+C_2$ ，其中 $C_1$ 的参数方程为 $z=\mathrm{e}^{\mathrm{i}\theta}$ ，

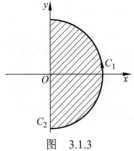

图 3.1.3

$\theta:-\dfrac{\pi}{2}\to\dfrac{\pi}{2}$ ， $C_2$ 的参数方程为 $z=t\mathrm{i}$ ， $t:1\to -1$ . 于是

$$\int_C \operatorname{Im}(z)\mathrm{d}z = \int_{C_1} \operatorname{Im}(z)\mathrm{d}z + \int_{C_2} \operatorname{Im}(z)\mathrm{d}z$$
$$= \int_{-\frac{\pi}{2}}^{\frac{\pi}{2}} \sin\theta \mathrm{i}\mathrm{e}^{\mathrm{i}\theta}\mathrm{d}\theta + \int_1^{-1} \mathrm{i}t\mathrm{d}t$$
$$= \mathrm{i}\int_{-\frac{\pi}{2}}^{\frac{\pi}{2}} \frac{\sin 2\theta}{2}\mathrm{d}\theta - \int_{-\frac{\pi}{2}}^{\frac{\pi}{2}} \frac{1-\cos 2\theta}{2}\mathrm{d}\theta = -\frac{\pi}{2}.$$

例 **3.1.3** 计算积分 $\oint_C \dfrac{1}{(z-z_0)^{n+1}}\mathrm{d}z$ ，其中 $C$ 是以 $z_0$ 为圆心， $r$ 为半径的正向圆周(如图 3.1.4)， $n$ 为整数.

**解** $C$ 的参数方程为

$$z=z_0+r\mathrm{e}^{\mathrm{i}\theta}, \quad \theta:0\to 2\pi,$$

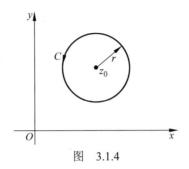

图　　3.1.4

于是

$$\oint_C \frac{1}{(z-z_0)^{n+1}} \mathrm{d}z = \int_0^{2\pi} \frac{\mathrm{i}r\mathrm{e}^{\mathrm{i}\theta}}{r^{n+1}\mathrm{e}^{\mathrm{i}(n+1)\theta}} \mathrm{d}\theta$$

$$= \int_0^{2\pi} \frac{\mathrm{i}}{r^n \mathrm{e}^{\mathrm{i}n\theta}} \mathrm{d}\theta = \frac{\mathrm{i}}{r^n} \int_0^{2\pi} \mathrm{e}^{-\mathrm{i}n\theta} \mathrm{d}\theta$$

$$= \frac{\mathrm{i}}{r^n} \int_0^{2\pi} (\cos n\theta - \mathrm{i}\sin n\theta) \mathrm{d}\theta$$

$$= \begin{cases} 2\pi\mathrm{i}, & n = 0, \\ 0, & n \neq 0, \end{cases}$$

也就是

$$\oint_{|z-z_0|=r} \frac{1}{(z-z_0)^{n+1}} \mathrm{d}z = \begin{cases} 2\pi\mathrm{i}, & n = 0, \\ 0, & n \neq 0. \end{cases}$$

该结果表明积分值与积分路径的圆心和半径无关，这个结果以后经常会用到，需读者牢牢记住.

## 3.2　柯西-古尔萨定理与复合闭路定理

### 3.2.1　柯西-古尔萨定理

先观察 3.1 节例 3.1.1，函数 $f(z) = z^2$ 在复平面内处处解析，它的积分值仅与起点和终点有关，与积分路径无关(或者沿复平面内任一闭曲线的积分为零). 而函数 $f(z) = \bar{z}$ 在复平面内处处不解析，沿不同的积分路径，积分值不同.

再观察 3.1 节例 3.1.3，函数 $f(z) = \dfrac{1}{z-z_0}$ 在除去 $z_0$ 的复平面上处处解析，即解析区域是个多连通域，此时它沿一闭曲线的积分值为 $2\pi\mathrm{i} \neq 0$. 可以猜想，积分值与积分路径无关(或沿闭曲线积分为零)的条件，可能与被积函数的解析性以及区域的单连通性有关.

假设函数 $f(z)=u+\mathrm{i}v$ 在单连通域 $D$ 内处处解析，且 $f'(z)$ 在 $D$ 内连续. 因为 $f'(z)=u_x+\mathrm{i}v_x=v_y-\mathrm{i}u_y$，所以 $u$ 和 $v$ 以及它们的偏导数 $u_x$，$u_y$，$v_x$，$v_y$ 在 $D$ 内都连续，并且满足柯西-黎曼方程

$$u_x=v_y, \quad v_x=-u_y.$$

根据式(3.1.2)可知

$$\oint_C f(z)\mathrm{d}z = \int_C u\mathrm{d}x - v\mathrm{d}y + \mathrm{i}\int_C v\mathrm{d}x + u\mathrm{d}y,$$

其中 $C$ 为 $D$ 内任一闭曲线. 根据格林公式，上式右端实部和虚部分别有

$$\oint_C u\mathrm{d}x - v\mathrm{d}y = \iint_{D_1}\left(-\frac{\partial v}{\partial x}-\frac{\partial u}{\partial y}\right)\mathrm{d}x\mathrm{d}y,$$

$$\oint_C v\mathrm{d}x + u\mathrm{d}y = \iint_{D_1}\left(\frac{\partial u}{\partial x}-\frac{\partial v}{\partial y}\right)\mathrm{d}x\mathrm{d}y,$$

其中 $D_1$ 是 $C$ 所围的区域. 由于 $f(z)$ 在 $D$ 内解析，由柯西-黎曼方程

$$\frac{\partial u}{\partial x}=\frac{\partial v}{\partial y}, \quad \frac{\partial v}{\partial x}=-\frac{\partial u}{\partial y},$$

得到

$$\oint_C f(z)\mathrm{d}z = 0.$$

事实上，去掉假设条件"$f'(z)$ 在 $D$ 内连续"，结论仍然成立. 法国数学家柯西于 1825 年提出了该结论，古尔萨于 1900 年对其作了严格证明，由于过程较复杂，这里就不再介绍了. 下面讨论柯西-古尔萨定理.

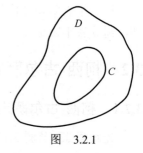

图　3.2.1

**定理 3.2.1(柯西-古尔萨定理)**　若函数 $f(z)$ 在单连通域 $D$ 内处处解析(图 3.2.1)，则函数 $f(z)$ 沿 $D$ 内任意一条闭曲线 $C$ 的积分为零，即

$$\oint_C f(z)\mathrm{d}z = 0.$$

这个定理又称柯西积分定理，对于该定理，这里作几点补充说明：

（1）定理中的 $C$ 可以不是简单闭曲线. 事实上，非简单闭曲线可以看作是由几条简单闭曲线连接而成；

（2）如果 $C$ 是区域 $D$ 的边界，且 $f(z)$ 在 $D$ 内及 $C$ 上解析，则结论也成立.

在高等数学中，沿闭曲线积分为零和曲线积分与路径无关是两个等价的概念，这里也有类似的结论，因此有如下推论.

**推论 3.2.1**　设函数 $f(z)$ 在单连通域 $D$ 内处处解析，则在 $D$ 内积分 $\int_C f(z)\mathrm{d}z$ 与路径 $C$ 无关，仅与 $C$ 的起点与终点有关.

利用柯西-古尔萨定理和例 3.1.3 可以计算一些复积分.

**例 3.2.1**　计算积分 $\oint_C \dfrac{\mathrm{i}}{z^2+1}\mathrm{d}z$，其中 $C$ 为下列圆周的正向.

（1）$|z|=\dfrac{1}{2}$；　　　　（2）$|z+\mathrm{i}|=\dfrac{1}{2}$.

**解**　（1）被积函数 $\dfrac{\mathrm{i}}{z^2+1}$ 在圆周 $|z|=\dfrac{1}{2}$ 内部和圆周上均处处解析，则由柯西-古尔萨定理知

$$\oint_C \frac{\mathrm{i}}{z^2+1}\mathrm{d}z = 0.$$

（2）因为 $\dfrac{\mathrm{i}}{z^2+1} = \dfrac{1}{2}\dfrac{1}{z-\mathrm{i}} - \dfrac{1}{2}\dfrac{1}{z+\mathrm{i}}$，所以根据柯西-古尔萨定理以及例 3.1.3 的结论，有

$$\oint_C \frac{\mathrm{i}}{z^2+1}\mathrm{d}z = \frac{1}{2}\oint_C \frac{1}{z-\mathrm{i}}\mathrm{d}z - \frac{1}{2}\oint_C \frac{1}{z+\mathrm{i}}\mathrm{d}z$$
$$= \frac{1}{2}\cdot 0 - \frac{1}{2}\cdot 2\pi\mathrm{i} = -\pi\mathrm{i}.$$

### 3.2.2　复合闭路定理

这一部分我们把柯西-古尔萨定理推广到多连通域的情形. 设 $n+1$ 条正向简单闭曲线 $C, C_1, C_2, \cdots, C_n$，其中 $C_1, C_2, \cdots, C_n$ 全包含在 $C$ 的内部，并且它们互不包含也互不相交(如图 3.2.2 所示). 这些曲线就组成了一个**复合闭路**，它的方向规定为：$C$ 取逆时针方向，其中所有内部曲线取顺时针方向. 记作 $\Gamma = C + C_1^- + C_2^- + \cdots + C_n^-$. 事实上，一个复合闭路能围成一个多连通域，而多连通域的正向边界线就是一个复合闭路.

**定理 3.2.2(复合闭路定理)**　设函数 $f(z)$ 在复合闭路 $\Gamma = C + C_1^- + C_2^- + \cdots + C_n^-$ 上及其所围成的多

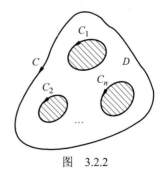

图　3.2.2

连通域 $D$ 内解析,则函数 $f(z)$ 沿复合闭路 $\Gamma$ 的积分为零,即

$$\oint_{\Gamma} f(z)\mathrm{d}z = 0,$$

也就是

$$\oint_{C} f(z)\mathrm{d}z = \oint_{C_1} f(z)\mathrm{d}z + \oint_{C_2} f(z)\mathrm{d}z + \cdots + \oint_{C_n} f(z)\mathrm{d}z .$$

**证** 这里仅证明 $n=1$ 的情形,其他情形的证明类似. 如图 3.2.3 所示的复合闭路 $\Gamma = C + C_1^-$ 围成了一个多连通域 $D$. 现作辅助线 $l$ 连接 $C$ 和 $C_1$,此时闭曲线 $C + l + C_1^- + l^-$ 围成了一个单连通域,且函数 $f(z)$ 在这个单连通域内及边界上解析. 由柯西-古尔萨定理,有

$$\oint_{C+l+C_1^-+l^-} f(z)\mathrm{d}z = \oint_{C} f(z)\mathrm{d}z + \int_{l} f(z)\mathrm{d}z + \oint_{C_1^-} f(z)\mathrm{d}z + \int_{l^-} f(z)\mathrm{d}z = 0,$$

即

$$\oint_{\Gamma} f(z)\mathrm{d}z = \oint_{C+C_1^-} f(z)\mathrm{d}z = 0,$$

也就是

$$\oint_{C} f(z)\mathrm{d}z = \oint_{C_1} f(z)\mathrm{d}z .$$

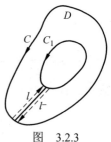

图 3.2.3

**例 3.2.2** 计算 $\oint_{C} \dfrac{1}{z^2 - 2z}\mathrm{d}z$,其中 $C$ 为包含圆周 $|z| = 2$ 在内的任何正向简单闭曲线.

**解** 函数 $\dfrac{1}{z^2 - 2z}$ 在复平面内除两个奇点 $z = 0$,$z = 2$ 外处处解析,且积分曲线 $C$ 包含这两个奇点. 现在构造复合闭路:在 $C$ 内分别以这两个奇点为圆心作互不相交也互不包含的正向小圆周 $C_1$,$C_2$ (图 3.2.4),则有复合闭路 $\Gamma = C + C_1^- + C_2^-$.

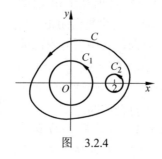

图 3.2.4

由于函数 $\dfrac{1}{z^2-2z}$ 在复合闭路 $\varGamma$ 内处处解析，则根据复合闭路定理，得

$$\oint_C \frac{1}{z^2-2z}\mathrm{d}z = \oint_{C_1}\frac{1}{z^2-2z}\mathrm{d}z + \oint_{C_2}\frac{1}{z^2-2z}\mathrm{d}z$$

$$= \frac{1}{2}\left(\oint_{C_1}\frac{1}{z-2}\mathrm{d}z - \oint_{C_1}\frac{1}{z}\mathrm{d}z\right) + \frac{1}{2}\left(\oint_{C_2}\frac{1}{z-2}\mathrm{d}z - \oint_{C_2}\frac{1}{z}\mathrm{d}z\right)$$

$$= \frac{1}{2}(0-2\pi\mathrm{i}) + \frac{1}{2}(2\pi\mathrm{i}-0) = 0.$$

从上例可以看出，若函数 $f(z)$ 在 $C$ 内含有多个奇点，可以借助复合闭路定理计算积分，并且计算量较小.

**例 3.2.3**　证明 $\oint_C \dfrac{1}{z-z_0}\mathrm{d}z = 2\pi\mathrm{i}$，其中 $C$ 为包含 $z_0$ 的任意正向简单闭曲线.

**证**　函数 $\dfrac{1}{z-z_0}$ 只有一个奇点 $z_0$，且 $C$ 包含这个奇点. 于是在 $C$ 内作一个以 $z_0$ 为圆心、半径为 $r$ 的正向小圆周 $C_1:|z-z_0|=r$，构造一复合闭路. 此时函数 $\dfrac{1}{z-z_0}$ 在该复合闭路围成的多连通域内处处解析.由复合闭路定理和例 3.1.3，得

$$\oint_C \frac{1}{z-z_0}\mathrm{d}z = \oint_{C_1}\frac{1}{z-z_0}\mathrm{d}z = 2\pi\mathrm{i}.$$

## 3.3　原函数与不定积分

由柯西-古尔萨定理及其推论 3.2.1 可知，解析函数 $f(z)$ 在单连通域 $D$ 内的积分与路径 $C$ 无关，仅与起点 $z_0$ 与终点 $z_1$ 有关，因此可将此积分在形式上写为

$$\int_C f(z)\mathrm{d}z = \int_{z_0}^{z_1} f(z)\mathrm{d}z.$$

现在固定起点 $z_0\in D$，让 $z_1$ 在 $D$ 内任意变动，并令 $z_1=z$，则确定了一个关于上限 $z$ 的单值函数

$$F(z) = \int_{z_0}^{z} f(\xi)\mathrm{d}\xi \quad (z\in D),$$

称之为变上限积分(或积分上限函数).

**定理 3.3.1**　若函数 $f(z)$ 在单连通域 $D$ 内解析，则积分上限函数 $F(z)$ 必在 $D$ 内解析，且有 $F'(z)=f(z)$.

证  在 $D$ 内任取一点 $z$，以 $z$ 为中心作一个含于 $D$ 内的圆邻域(半径足够小)，再在圆邻域内取动点 $z + \Delta z$ $(\Delta z \neq 0)$，如图 3.3.1 所示. 于是

$$F(z + \Delta z) - F(z) = \int_{z_0}^{z+\Delta z} f(\xi)\mathrm{d}\xi - \int_{z_0}^{z} f(\xi)\mathrm{d}\xi$$
$$= \int_{z}^{z+\Delta z} f(\xi)\mathrm{d}\xi.$$

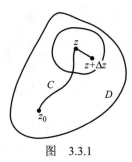

因为 $f(z)$ 在 $D$ 内解析，则 $f(z)$ 在 $D$ 内连续. 所以，对于任意 $\varepsilon > 0$，存在 $\delta > 0$，使得当 $|\xi - z| < \delta$ 时，有

$$|f(\xi) - f(z)| < \varepsilon.$$

图  3.3.1

从而

$$\frac{F(z + \Delta z) - F(z)}{\Delta z} - f(z) = \frac{1}{\Delta z} \int_{z}^{z+\Delta z} [f(\xi) - f(z)]\mathrm{d}\xi.$$

取点 $z$ 到点 $z + \Delta z$ 的积分路径是直线段，根据复变函数积分性质（4），则有

$$\left| \frac{F(z + \Delta z) - F(z)}{\Delta z} - f(z) \right| \leqslant \frac{1}{|\Delta z|} \cdot \varepsilon \cdot |\Delta z| = \varepsilon,$$

即

$$\lim_{\Delta z \to 0} \frac{F(z + \Delta z) - F(z)}{\Delta z} = F'(z) = f(z).$$

该定理与实变量函数微积分学中的积分上限函数的求导公式类似. 基于该定理，引入复数域中原函数的概念.

**定义 3.3.1**  若在区域 $D$ 内存在一个函数 $F(z)$，使得 $F'(z) = f(z)$，则称 $F(z)$ 是 $f(z)$ 的一个原函数.

显然，积分上限函数 $F(z) = \int_{z_0}^{z} f(\xi)\mathrm{d}\xi$ 就是 $f(z)$ 的一个原函数.因此，$f(z)$ 的全体原函数可以表示为

$$F(z) + C \quad (C \text{ 为任意复常数}).$$

事实上，再令 $f(z)$ 的一个原函数为 $G(z)$，则有 $[G(z) - F(z)]' = f(z) - f(z) = 0$，从而 $G(z) - F(z) = C$. 这说明 $f(z)$ 的任何两个原函数相差一个常数.

在复变函数中，也有与实变量函数微积分学中的牛顿-莱布尼茨公式相类似的解析函数积分计算公式.

**定理 3.3.2**  若函数 $f(z)$ 在单连通域 $D$ 内处处解析，$G(z)$ 是 $f(z)$ 的一个原函数，则

$$\int_{z_0}^{z_1} f(z)\mathrm{d}z = G(z_1) - G(z_0) = G(z)\Big|_{z_0}^{z_1},$$

其中 $z_0$，$z_1$ 为 $D$ 内的两点.

该公式仅适用于在单连通域内的解析函数. 此外，高等数学中的不定积分的计算方法在这里仍然适用.

**证**　因为 $F(z) = \int_{z_0}^{z} f(\xi)\mathrm{d}\xi$ 也是 $f(z)$ 的一个原函数，所以与 $G(z)$ 的关系满足

$$F(z) = \int_{z_0}^{z} f(\xi)\mathrm{d}\xi = G(z) + C.$$

当 $z = z_0$ 时，积分路径可以看作一条闭曲线，由柯西-古尔萨定理知，$C = -G(z_0)$. 代入上式，得

$$\int_{z_0}^{z} f(\xi)\mathrm{d}\xi = G(z) - G(z_0).$$

**例 3.3.1**　计算积分 $\int_0^{\mathrm{i}} \mathrm{e}^{2z}\mathrm{d}z$.

**解**　由于 $\mathrm{e}^{2z}$ 在复平面内解析，利用凑微分法可得，$\dfrac{1}{2}\mathrm{e}^{2z}$ 是 $\mathrm{e}^{2z}$ 的一个原函数. 于是

$$\int_0^{\mathrm{i}} \mathrm{e}^{2z}\mathrm{d}z = \frac{1}{2}\mathrm{e}^{2z}\Big|_0^{\mathrm{i}} = \frac{1}{2}\mathrm{e}^{2\mathrm{i}} - \frac{1}{2}.$$

**例 3.3.2**　计算积分 $\int_0^{\mathrm{i}} z\sin z\,\mathrm{d}z$.

**解**　由于 $z\sin z$ 在复平面内解析，利用分部积分法可得，$-z\cos z + \sin z$ 是 $z\sin z$ 的一个原函数. 于是

$$\int_0^{\mathrm{i}} z\sin z\,\mathrm{d}z = [-z\cos z + \sin z]_0^{\mathrm{i}} = -\mathrm{i}\cos\mathrm{i} + \sin\mathrm{i}$$

$$= -\mathrm{i}\frac{\mathrm{e}^{-1} + \mathrm{e}}{2} + \frac{\mathrm{e}^{-1} - \mathrm{e}}{2\mathrm{i}} = -\mathrm{e}^{-1}\mathrm{i}.$$

**例 3.3.3**　计算积分 $\int_C z^2\mathrm{d}z$，其中 $C$ 是从原点到点 $1 + \mathrm{i}$ 的任意简单曲线.

**解**　由于 $z^2$ 在复平面内解析，积分与路径无关，则

$$\int_C z^2\mathrm{d}z = \int_0^{1+\mathrm{i}} z^2\mathrm{d}z = \frac{1}{3}z^3\Big|_0^{1+\mathrm{i}} = -\frac{2}{3} + \frac{2}{3}\mathrm{i}.$$

## 3.4　柯西积分公式与高阶导数公式

### 3.4.1　柯西积分公式

根据例 3.2.2，沿着围绕 $z_0$ 的任意一条简单闭曲线 $C$，$\oint_C \dfrac{1}{z-z_0} \mathrm{d}z = 2\pi\mathrm{i}$ 或者 $\dfrac{1}{2\pi\mathrm{i}} \oint_C \dfrac{1}{z-z_0} \mathrm{d}z = 1$ 总成立. 该结论是否具有一般性呢？下面的柯西积分公式回答了这个问题.

**定理 3.4.1（柯西积分公式）** 若函数 $f(z)$ 在区域 $D$ 内处处解析，点 $z_0$ 在 $D$ 内，$C$ 为 $D$ 内任意一条围绕 $z_0$ 的正向简单闭曲线，且 $C$ 的内部全含于 $D$（如图 3.4.1 和图 3.4.2 所示），则

$$f(z_0) = \frac{1}{2\pi\mathrm{i}} \oint_C \frac{f(z)}{z-z_0} \mathrm{d}z . \tag{3.4.1}$$

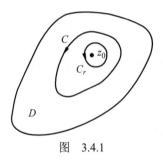

图　3.4.1

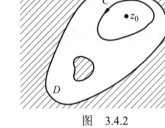

图　3.4.2

**证** 因为 $f(z)$ 在 $D$ 内解析，则 $f(z)$ 在点 $z_0$ 连续，即对于任意 $\varepsilon > 0$，存在 $\delta > 0$，使得当 $|z-z_0| < \delta$ 时，有

$$\left| f(z) - f(z_0) \right| < \varepsilon.$$

现以 $z_0$ 为中心、$r$ 为半径作正向小圆周 $C_r$：$|z-z_0| = r$，使得 $C_r$ 完全包含于 $C$ 的内部，如图 3.4.1 所示. 此时 $C$ 与 $C_r$ 构成一复合闭路，函数 $\dfrac{f(z)}{z-z_0}$ 在这个复合闭路围成的区域内解析. 根据复合闭路定理，有

$$\oint_C \frac{f(z)}{z-z_0} \mathrm{d}z = \oint_{C_r} \frac{f(z)}{z-z_0} \mathrm{d}z = \oint_{C_r} \frac{f(z_0)}{z-z_0} \mathrm{d}z + \oint_{C_r} \frac{f(z)-f(z_0)}{z-z_0} \mathrm{d}z$$

$$= 2\pi\mathrm{i} f(z_0) + \oint_{C_r} \frac{f(z)-f(z_0)}{z-z_0} \mathrm{d}z,$$

其中

$$\left| \oint_{C_r} \frac{f(z)-f(z_0)}{z-z_0}\mathrm{d}z \right| \leqslant \oint_{C_r} \frac{|f(z)-f(z_0)|}{|z-z_0|}\mathrm{d}s < \frac{\varepsilon}{r}\oint_{C_r}\mathrm{d}s = 2\pi\varepsilon.$$

这表明不等式左端积分的模可以任意小，只要 $r$ 足够小即可. 根据闭路变形原理，该积分的值与 $r$ 无关，所以只有在对所有的 $r$ 积分值为零时才有可能. 因此

$$\oint_C \frac{f(z)}{z-z_0}\mathrm{d}z = 2\pi\mathrm{i}f(z_0).$$

下面对该定理作几点说明：

（1）由柯西积分公式可得到一个更常用的结论：若 $f(z)$ 在正向简单闭曲线 $C$ 的内部及 $C$ 上均解析，且 $z_0$ 在 $C$ 的内部，则式(3.4.1)仍成立.

（2）特别地，若 $C$ 是圆周 $z=z_0+r\mathrm{e}^{\mathrm{i}\theta}$，那么

$$f(z_0) = \frac{1}{2\pi\mathrm{i}}\oint_C \frac{f(z_0+r\mathrm{e}^{\mathrm{i}\theta})}{r\mathrm{e}^{\mathrm{i}\theta}}\mathrm{i}r\mathrm{e}^{\mathrm{i}\theta}\mathrm{d}\theta = \frac{1}{2\pi}\int_0^{2\pi} f(z_0+r\mathrm{e}^{\mathrm{i}\theta})\mathrm{d}\theta$$

称为解析函数的**平均值公式**. 上面等式说明一个解析函数在圆心处的值等于它在圆周上的平均值.

（3）柯西积分公式表明，**解析函数在 $C$ 内的任一点的函数值，可用它在边界上的值通过积分表示**. 换句话说，解析函数在边界上的值一旦确定，那么解析函数在区域内部取值也就确定了. 这是解析函数的一大特征，是实变函数所不具备的. 例如，解析函数 $f(z)$ 在曲线 $C$ 上的值为 $1$，那么 $f(z)$ 在 $C$ 内部的取值处处为 $1$. 因为 $\dfrac{1}{2\pi\mathrm{i}}\oint_C \dfrac{1}{z-z_0}\mathrm{d}z = 1$.

（4）该定理提供了计算一类复变函数沿闭曲线积分的方法：

$$\oint_C \frac{f(z)}{z-z_0}\mathrm{d}z = 2\pi\mathrm{i}f(z_0).$$

**例 3.4.1**　计算积分 $\oint_{|z|=2} \dfrac{\mathrm{e}^z}{z}\mathrm{d}z$.

**解**　因为 $f(z)=\mathrm{e}^z$ 在 $|z|=2$ 的内部及其边界上解析，且 $|z|=2$ 内包含点 $z=0$. 由柯西积分公式，得

$$\oint_{|z|=2} \frac{\mathrm{e}^z}{z}\mathrm{d}z = 2\pi\mathrm{i}\mathrm{e}^z\big|_{z=0} = 2\pi\mathrm{i}.$$

**例 3.4.2** 计算积分 $\oint_{|z|=1} \dfrac{\cos z}{z(z-2)} \, dz$.

**解** 因为 $f(z) = \dfrac{\cos z}{z-2}$ 在 $|z|=1$ 的内部及其边界上解析，且 $|z|=1$ 内包含点 $z=0$. 由柯西积分公式，得

$$\oint_{|z|=1} \frac{\cos z}{z(z-2)} \, dz = \oint_{|z|=1} \frac{\dfrac{\cos z}{z-2}}{z} \, dz = 2\pi i \left. \frac{\cos z}{z-2} \right|_{z=0} = -\pi i.$$

**例 3.4.3** 计算积分 $\oint_{|z|=3} \dfrac{3z}{(z+1)(z-2)} \, dz$.

**解**
$$\begin{aligned}
\oint_{|z|=3} \frac{3z}{(z+1)(z-2)} \, dz &= \oint_{|z|=3} \left( \frac{1}{z+1} + \frac{2}{z-2} \right) dz \\
&= \oint_{|z|=3} \frac{1}{z+1} \, dz + \oint_{|z|=3} \frac{2}{z-2} \, dz \\
&= 2\pi i + 2\pi i \cdot 2 = 6\pi i.
\end{aligned}$$

当被积函数是复有理分式函数时，可先化为部分分式之和，再用柯西积分公式计算积分. 当然，由于被积函数在圆 $|z|=3$ 内含有两个奇点，本题也可以利用复合闭路定理计算，但较为麻烦.

### 3.4.2 高阶导数公式

在高等数学中，实变量函数在某区间上有一阶导数，但未必存在二阶导数. 但在复变函数中，若解析函数在某区域内解析，它将具有无穷阶导数，且仍解析，下面的高阶导数公式就说明这一问题.

**定理 3.4.2（高阶导数公式）** 若函数 $f(z)$ 在区域 $D$ 内处处解析，点 $z_0$ 在 $D$ 内，$C$ 为 $D$ 内任意一条围绕 $z_0$ 的正向简单闭曲线，且 $C$ 的内部全含于 $D$，则

$$f^{(n)}(z_0) = \frac{n!}{2\pi i} \oint_C \frac{f(z)}{(z-z_0)^{n+1}} \, dz \quad (n=1,2,\cdots). \tag{3.4.2}$$

**证** 先证 $n=1$ 的情形，即证

$$f'(z_0) = \frac{1}{2\pi i} \oint_C \frac{f(z)}{(z-z_0)^2} \, dz.$$

只需证

$$\lim_{\Delta z \to 0} \frac{f(z_0 + \Delta z) - f(z_0)}{\Delta z} = \frac{1}{2\pi i} \oint_C \frac{f(z)}{(z-z_0)^2} \, dz.$$

由柯西积分公式得

$$f(z_0) = \frac{1}{2\pi i} \oint_C \frac{f(z)}{z - z_0} dz,$$

$$f(z_0 + \Delta z) = \frac{1}{2\pi i} \oint_C \frac{f(z)}{z - z_0 - \Delta z} dz,$$

从而

$$\frac{f(z_0 + \Delta z) - f(z_0)}{\Delta z} = \frac{1}{2\pi i \Delta z} \oint_C \left[ \frac{f(z)}{z - z_0 - \Delta z} - \frac{f(z)}{z - z_0} \right] dz$$

$$= \frac{1}{2\pi i} \oint_C \frac{f(z)}{(z - z_0)(z - z_0 - \Delta z)} dz$$

$$= \frac{1}{2\pi i} \oint_C \frac{f(z)}{(z - z_0)^2} dz + \frac{1}{2\pi i} \oint_C \frac{\Delta z f(z)}{(z - z_0)^2 (z - z_0 - \Delta z)} dz,$$

令上式右端后一个积分为 $I$，那么

$$|I| = \frac{1}{2\pi} \left| \oint_C \frac{\Delta z f(z)}{(z - z_0)^2 (z - z_0 - \Delta z)} dz \right| \leqslant \frac{1}{2\pi} \oint_C \frac{|\Delta z| |f(z)|}{|z - z_0|^2 |z - z_0 - \Delta z|} ds.$$

因为 $f(z)$ 在 $C$ 上解析，所以在 $C$ 上连续且有界. 于是存在一个正数 $M$，在曲线 $C$ 上有

$$|f(z)| \leqslant M.$$

设 $d$ 为 $z_0$ 到曲线 $C$ 的最短距离，$z_0 + \Delta z$ 是 $C$ 内部的动点，取 $\Delta z$ 足够小时，有 $|\Delta z| < \dfrac{d}{2}$. 则在曲线 $C$ 上有

$$|z - z_0| \geqslant d, \quad \frac{1}{|z - z_0|} \leqslant \frac{1}{d},$$

$$|z - z_0 - \Delta z| \geqslant |z - z_0| - |\Delta z| > \frac{d}{2}, \quad \frac{1}{|z - z_0 - \Delta z|} < \frac{2}{d},$$

所以

$$|I| < \frac{ML}{\pi d^3} |\Delta z|,$$

上式中 $L$ 是曲线 $C$ 的长度. 让 $\Delta z \to 0$，则 $I \to 0$. 从而得

$$f'(z_0) = \lim_{\Delta z \to 0} \frac{f(z_0 + \Delta z) - f(z_0)}{\Delta z} = \frac{1}{2\pi i} \oint_C \frac{f(z)}{(z - z_0)^2} dz.$$

上式表明，$f(z)$ 在 $z_0$ 处的导数可以通过将式(3.4.1)的右端在积分号下对 $z_0$ 求导得到. 依此类推，用上述方法求极限

$$\lim_{\Delta z \to 0} \frac{f'(z_0 + \Delta z) - f'(z_0)}{\Delta z},$$

便可得到

$$f''(z_0) = \lim_{\Delta z \to 0} \frac{f'(z_0 + \Delta z) - f'(z_0)}{\Delta z} = \frac{2!}{2\pi i} \oint_C \frac{f(z)}{(z - z_0)^3} dz,$$

这说明解析函数的高阶导数仍然为解析函数.依次类推，用数学归纳法可以证明

$$f^{(n)}(z_0) = \frac{n!}{2\pi i} \oint_C \frac{f(z)}{(z - z_0)^{n+1}} dz.$$

高阶导数公式的作用不在于通过积分来求导，而在于通过求导来积分.

对于该定理作几点补充说明：

（1）由该定理条件可得：若 $f(z)$ 在正向简单闭曲线 $C$ 的内部及 $C$ 上均解析，且 $z_0$ 在 $C$ 的内部，则公式(3.4.2)仍成立；

（2）公式(3.4.2)可以这样记忆：$f(z)$ 在 $z_0$ 处的导数，等于把式(3.4.1)右端的被积函数在积分号下对 $z_0$ 求导而得(此时将 $z$ 看作常数)；

（3）该定理告诉我们解析函数的另一个特征，**一个解析函数的导数仍然是解析函数，并且它具有任意阶导数**，这也是实变量函数所不具备的；

（4）该定理提供了计算一类复变函数沿闭曲线积分的方法：

$$\oint_C \frac{f(z)}{(z - z_0)^{n+1}} dz = \frac{2\pi i}{n!} f^{(n)}(z_0).$$

**例 3.4.4** 计算积分 $\oint_C \frac{\cos \pi z}{(z-1)^3} dz$，其中 $C$ 为正向圆周：$|z| = 2$.

**解** 因为 $f(z) = \cos \pi z$ 在 $C$ 内解析，$C$ 内包含 $z = 1$，则有

$$\oint_C \frac{\cos \pi z}{(z-1)^3} dz = \frac{2\pi i}{(3-1)!} (\cos \pi z)^{(2)} \big|_{z=1} = -\cos \pi \cdot \pi^3 i = \pi^3 i.$$

**例 3.4.5** 计算积分 $\oint_C \frac{e^z}{z^n} dz$，$n$ 为整数，其中 $C$ 为正向圆周：$|z| = 1$.

**解** （1）当 $n$ 为负整数或零时，函数 $\frac{e^z}{z^n}$ 在复平面内处处解析，由柯西-古尔萨定理，得

$$\oint_C \frac{e^z}{z^n} dz = 0;$$

（2）当 $n=1$ 时，由柯西积分公式，得

$$\oint_C \frac{\mathrm{e}^z}{z}\,\mathrm{d}z = 2\pi\mathrm{i}\mathrm{e}^z\big|_{z=0} = 2\pi\mathrm{i}\,;$$

（3）当 $n>1$ 时，由高阶导数公式，得

$$\oint_C \frac{\mathrm{e}^z}{z^n}\,\mathrm{d}z = \frac{2\pi\mathrm{i}}{(n-1)!}(\mathrm{e}^z)^{(n-1)}\big|_{z=0} = \frac{2\pi\mathrm{i}}{(n-1)!}.$$

**例 3.4.6**　计算积分 $\oint_C \dfrac{1}{(z^2+1)^2}\,\mathrm{d}z$ ，其中 $C$ 为正

向圆周：$|z|=r>1$ .

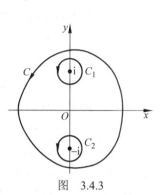

图　3.4.3

**解**　被积函数 $\dfrac{1}{(z^2+1)^2}$ 在 $C$ 内有两个奇点

$z=\pm\mathrm{i}$ . 于是在 $C$ 内分别以 $\pm\mathrm{i}$ 为圆心作两个互不

相交互不包含的正向圆周 $C_1$ 和 $C_2$ ，如图 3.4.3 所示.

则 $C$ ，$C_1$ ，$C_2$ 构成一复合闭路，函数 $\dfrac{1}{(z^2+1)^2}$ 在

其围成的区域内解析. 根据复合闭路定理，有

$$\oint_C \frac{1}{(z^2+1)^2}\,\mathrm{d}z = \oint_{C_1} \frac{1}{(z^2+1)^2}\,\mathrm{d}z + \oint_{C_2} \frac{1}{(z^2+1)^2}\,\mathrm{d}z$$

$$= \oint_{C_1} \frac{\dfrac{1}{(z+\mathrm{i})^2}}{(z-\mathrm{i})^2}\,\mathrm{d}z + \oint_{C_2} \frac{\dfrac{1}{(z-\mathrm{i})^2}}{(z+\mathrm{i})^2}\,\mathrm{d}z$$

$$= \frac{2\pi\mathrm{i}}{(2-1)!}\frac{1}{(z+\mathrm{i})^2}\bigg|_{z=\mathrm{i}} + \frac{2\pi\mathrm{i}}{(2-1)!}\frac{1}{(z-\mathrm{i})^2}\bigg|_{z=-\mathrm{i}}$$

$$= -\frac{\pi\mathrm{i}}{2} - \frac{\pi\mathrm{i}}{2} = -\pi\mathrm{i}.$$

**定理 3.4.3（柯西积分定理的逆定理）**　设函数 $f(z)$ 在单连通域 $B$ 内连续，

且对于 $B$ 内任何一条简单闭曲线 $C$ 都有 $\oint_C f(z)\mathrm{d}z=0$ ，证明 $f(z)$ 在 $B$ 内解析.

**证**　在 $B$ 内取定一点 $z_0$ ，$z$ 为 $B$ 内任意一点.根据已知条件，积分 $\displaystyle\int_{z_0}^{z} f(\xi)\mathrm{d}\xi$

的值与连接 $z_0$ 与 $z$ 的路线无关，它定义了一个单值函数

$$F(z) = \int_{z_0}^{z} f(\xi)\mathrm{d}\xi\,,$$

可以证明 $F'(z)=f(z)$ ，所以 $F(z)$ 是 $B$ 内的一个解析函数，由于解析函数的导

数仍是解析函数，故 $f(z)$ 为解析函数.

## 3.5 解析函数与调和函数的关系

### 3.5.1 调和函数与共轭调和函数

在 3.4 节介绍过, 在区域内解析的函数, 其导数仍解析. 本节利用解析函数这个重要性质, 研究解析函数与调和函数的关系.

**定义 3.5.1** 若二元实变量函数 $\varphi(x, y)$ 在区域 $D$ 内具有二阶连续偏导数, 且满足拉普拉斯(Laplace)方程

$$\frac{\partial^2 \varphi}{\partial x^2} + \frac{\partial^2 \varphi}{\partial y^2} = 0,$$

则称 $\varphi(x, y)$ 为在区域 $D$ 内的调和函数.

调和函数在流体力学、电磁学和传热学理论中有很重要的应用. 例如, 不带电荷的静电场的电势分布就满足调和函数的特征.

**定理 3.5.1**（调和函数与解析函数的关系） 任何在区域 $D$ 内解析的函数, 它的实部与虚部都是 $D$ 内的调和函数.

**证** 设 $f(z) = u(x, y) + iv(x, y)$ 是区域 $D$ 内的一个解析函数, 其各阶导数也解析. 则由柯西-黎曼方程

$$\frac{\partial u}{\partial x} = \frac{\partial v}{\partial y}, \quad \frac{\partial u}{\partial y} = -\frac{\partial v}{\partial x},$$

从而有

$$\frac{\partial^2 u}{\partial x^2} = \frac{\partial^2 v}{\partial y \partial x}, \quad \frac{\partial^2 u}{\partial y^2} = -\frac{\partial^2 v}{\partial x \partial y}.$$

因为 $f(z)$ 的各阶导数连续, 所以 $u$ 与 $v$ 具有任意阶的连续偏导数, 于是

$$\frac{\partial^2 v}{\partial y \partial x} = \frac{\partial^2 v}{\partial x \partial y},$$

因此

$$\frac{\partial^2 u}{\partial x^2} + \frac{\partial^2 u}{\partial y^2} = 0.$$

即 $u$ 是调和函数. 同理可证, $v$ 也是调和函数.

**定义 3.5.2** 设 $u(x, y)$ 是区域 $D$ 内的调和函数, 若 $u + iv$ 在 $D$ 内是解析函数, 则称 $v(x, y)$ 为 $u(x, y)$ 的共轭调和函数. 换句话说, 在 $D$ 内满足柯西-黎曼方程的两个调和函数 $u$ 和 $v$ 中, 称 $v$ 是 $u$ 的共轭调和函数.

在区域 $D$ 内解析的函数，其虚部为实部的共轭调和函数，两者关系不能颠倒．需要强调的是，对于任意两个调和函数 $u$ 与 $v$，$f(z)=u+\mathrm{i}v$ 不一定是解析函数，解析函数与调和函数的上述关系，使我们可以借助解析函数理论解决调和函数的问题．

### 3.5.2　共轭调和函数的求法

已知一个调和函数 $u(x,y)$，下面介绍如何求得它的共轭调和函数 $v(x,y)$，使得它们可以构成一个单连通域内的解析函数 $f(z)=u+\mathrm{i}v$．这里仅讨论已知实部的情形，对于已知虚部的情形，求法类似．

**方法一　偏积分法**

**例 3.5.1**　证明 $u(x,y)=y^3-3x^2y$ 为调和函数，并求其共轭调和函数 $v(x,y)$ 和构成的解析函数．

**解**　（1）由于

$$\frac{\partial u}{\partial x}=-6xy,\quad \frac{\partial u}{\partial y}=3y^2-3x^2,$$

$$\frac{\partial^2 u}{\partial x^2}=-6y,\quad \frac{\partial^2 u}{\partial y^2}=6y.$$

从而

$$\frac{\partial^2 u}{\partial x^2}+\frac{\partial^2 u}{\partial y^2}=0.$$

所以 $u(x,y)$ 为调和函数．

（2）由柯西-黎曼方程，有

$$\frac{\partial v}{\partial y}=\frac{\partial u}{\partial x}=-6xy,\tag{3.5.1}$$

$$\frac{\partial v}{\partial x}=-\frac{\partial u}{\partial y}=3x^2-3y^2.\tag{3.5.2}$$

对式(3.5.1)等式两边关于 $y$ 求偏积分(即把 $x$ 看成常量)，得

$$v=\int\frac{\partial v}{\partial y}\mathrm{d}y=\int(-6xy)\mathrm{d}y=-3xy^2+g(x).\tag{3.5.3}$$

从而

$$\frac{\partial v}{\partial x}=-3y^2+g'(x).$$

将上式与式(3.5.2)比较，得

$$g'(x) = 3x^2 ,$$

于是

$$g(x) = \int 3x^2 \mathrm{d}x = x^3 + C,$$

其中 $C$ 是任意常数. 代入式(3.5.3)，得

$$v(x, y) = -3xy^2 + x^3 + C.$$

因而得到一个解析函数

$$u + \mathrm{i}v = y^3 - 3x^2 y + \mathrm{i}(x^3 - 3xy^2 + C). \tag{3.5.4}$$

进一步，可以化为

$$f(z) = \mathrm{i}z^3 + \mathrm{i}C.$$

该例子的解题方法称为偏积分法，这是由于需要对式(3.5.1)关于 $y$ 求偏积分，此时要把 $x$ 看成常量. 另外，如何将 $u(x, y) + \mathrm{i}v(x, y)$ 化为 $f(z)$，这里有两种方法：凑元法与归零法. 凑元法就是将表达式中 $x$ 和 $y$ 凑成 $z = x + \mathrm{i}y$；归零法就是令其中的 $y = 0$，得到表达式 $f(x)$，再用 $z$ 替换 $x$ 得到. 例如，令式(3.5.4)中 $y = 0$，得到表达式 $\mathrm{i}(x^3 + C)$，用 $z$ 替换 $x$ 可得 $f(z)$.

**方法二 线积分法**

根据全微分计算式和柯西-黎曼方程，有 $\mathrm{d}v = \dfrac{\partial v}{\partial x}\mathrm{d}x + \dfrac{\partial v}{\partial y}\mathrm{d}y = -\dfrac{\partial u}{\partial y}\mathrm{d}x + \dfrac{\partial u}{\partial x}\mathrm{d}y$，

则

$$v = \int_{(x_0, y_0)}^{(x, y)} -\frac{\partial u}{\partial y}\mathrm{d}x + \frac{\partial u}{\partial x}\mathrm{d}y + C,$$

其中 $C$ 为任意复常数. 容易证明该积分与路径无关，仅与起点和终点有关，因此通常选取易于计算的路径计算，而折线路径计算第二类曲线积分就是简便计算的路径.

**例 3.5.2** 已知 $u(x, y) = 2(x - 1)y$，$f(2) = -\mathrm{i}$，求解析函数 $f(z)$.

**解** $\dfrac{\partial u}{\partial x} = 2y$，$\dfrac{\partial u}{\partial y} = 2x - 2$. 现在取起点 $(0,0)$，路径为从 $(0,0)$ 到 $(x, 0)$ 再到 $(x, y)$ 的折线段. 于是

$$
\begin{aligned}
v &= \int_{(0,0)}^{(x, y)} (2 - 2x)\mathrm{d}x + 2y\mathrm{d}y + C \\
&= \int_0^x (2 - 2x)\mathrm{d}x + \int_0^y 2y\mathrm{d}y + C \\
&= 2x - x^2 + y^2 + C.
\end{aligned}
$$

由条件 $f(2) = -i$，得 $C = -1$. 从而

$$f(z) = 2(x-1)y + i(y^2 - x^2 + 2x - 1) = -i(z-1)^2.$$

**方法三 不定积分法**

利用复变函数的导数公式，先求出关于 $z$ 的导函数 $f'(z) = \dfrac{\partial u}{\partial x} + i\dfrac{\partial v}{\partial x} = \dfrac{\partial u}{\partial x} - i\dfrac{\partial u}{\partial y}$，再关于 $z$ 求不定积分.

**例 3.5.3** 已知调和函数 $u(x,y) = x^2 - y^2$，求共轭调和函数 $v(x,y)$，使得它们构成一个解析函数 $f(z) = u(x,y) + iv(x,y)$，满足 $f(i) = -1$.

**解** 因为

$$f'(z) = \frac{\partial u}{\partial x} - i\frac{\partial u}{\partial y} = 2x + 2yi = 2z,$$

两边关于 $z$ 积分，得

$$f(z) = \int 2z\mathrm{d}z = z^2 + C.$$

由于条件 $f(i) = -1$，所以 $C = 0$. 于是所求解析函数为

$$f(z) = z^2.$$

# 习题 3

**3.1** 计算积分 $\int_C iz\mathrm{d}z$，其中 $C$ 为

（1）从原点到点 $1+i$ 的直线段；

（2）从原点到点 $i$，再到 $1+i$ 的折线段；

（3）从原点沿抛物线 $y = x^2$，到 $1+i$ 的弧段.

**3.2** 计算积分 $\int_C |z|\mathrm{d}z$，其中 $C$ 为

（1）从点 $-i$ 到点 $i$ 的直线段；

（2）从点 $-i$ 沿单位圆的右半圆，到点 $i$ 的弧段.

**3.3** 计算积分 $\int_C (x^2 + iy)\mathrm{d}z$，其中 $C$ 为从原点沿 $y = x^2$ 到点 $1+i$ 的曲线段.

**3.4** 计算积分 $\oint_C \dfrac{z}{\overline{z}}\mathrm{d}z$，其中 $C$ 为从点 $-1$ 到点 $1$ 的直线段及上半单位圆周组成的正向闭曲线.

**3.5** 利用观察法确定下列积分值，其中 $C$ 为正向圆周 $|z|=1$，并说明理由.

(1) $\oint_C \dfrac{1}{z+2i}dz$ ;

(2) $\oint_C \dfrac{z-1}{z^2+2z+3}dz$ ;

(3) $\oint_C \dfrac{e^z}{\cos z}dz$ ;

(4) $\oint_C \dfrac{1}{z-\dfrac{1}{2}}dz$ .

**3.6** 证明 $\oint_C \bar{z}dz = 2\pi i$，其中 $C$ 为正向单位圆周.

**3.7** 计算积分 $\oint_C \dfrac{z}{(z+2)(z-1)}dz$ ，其中 $C$ 为包含圆周 $|z|=2$ 的任何正向闭曲线.

**3.8** 利用牛顿-莱布尼茨公式计算下列积分.

(1) $\displaystyle\int_0^{\pi i} \sin \dfrac{z}{2}dz$ ;

(2) $\displaystyle\int_0^1 (\sin z + \sin 2z)dz$ ;

(3) $\displaystyle\int_0^i ze^{-z}dz$ ;

(4) $\displaystyle\int_0^i \dfrac{\ln(z+1)}{z+1}dz$ ;

(5) $\displaystyle\int_{-\pi i}^{\pi i} \cos^2 zdz$ ;

(6) $\displaystyle\int_0^i (3+iz)^2dz$ .

**3.9** 沿指定曲线的正向计算下列积分.

(1) $\oint_C \dfrac{\cos \pi z}{z-i}dz$ , $C$ : $|z-i|=1$ ;

(2) $\oint_C \dfrac{e^z}{z(z-2)}dz$ , $C$ : $|z|=1$ ;

(3) $\oint_C \dfrac{1}{z(z^2+1)}dz$ , $C$ : $|z+i|=\dfrac{1}{2}$ ;

(4) $\oint_C \dfrac{1}{(z^2-1)(z^2+1)}dz$ , $C$ : $|z|=r<1$ ;

(5) $\oint_C \dfrac{z^2}{(z-\pi)^2}dz$ , $C$ : $|z|=4$ ;

(6) $\oint_C \dfrac{e^{iz}}{z^5}dz$ , $C$ : $|z|=1$ ;

(7) $\oint_C \dfrac{\sin z}{z}dz$ , $C$ : $|z|=1$ ;

(8) $\oint_C \dfrac{z}{(z+1)(z-2)^2}dz$ , $C$ : $|z|=3$ .

**3.10** 计算下列积分.

(1) $\oint_C \dfrac{z^2-z+1}{z-1}dz$ , $C$ : $|z|=2$ ，正向；

（2） $\displaystyle\oint_C \frac{1}{(z+\mathrm{i})(z-1)}\mathrm{d}z$， $C$： $|z|=2$，正向；

（3） $\displaystyle\oint_C \frac{1}{z^2\cos z}\mathrm{d}z$， $C$： $|z|=1$，正向；

（4） $\displaystyle\oint_C \frac{\mathrm{i}}{z^2+1}\mathrm{d}z$， $C$： $|z-1|=3$，正向；

（5） $\displaystyle\oint_{C_1+C_2} \frac{\mathrm{e}^z}{z^3}\mathrm{d}z$， $C_1$： $|z|=1$，正向， $C_2$： $|z|=1$，负向；

（6） $\displaystyle\oint_C \frac{\cos z}{(z-a)^3}\mathrm{d}z$， $C$： $|z|=1$，正向， $|a|\ne 1$.

**3.11** 计算积分 $\displaystyle\oint_{|z|=r} \frac{\mathrm{d}z}{z^2(z-1)(z-2)}$ （$r\ne 0$，1，2）.

**3.12** 计算积分 $\displaystyle\oint_C \frac{\mathrm{e}^z}{z(z^2+1)}\mathrm{d}z$，其中 $C$ 为正向圆周.

（1） $|z|=\dfrac{1}{2}$；　　　　　　　　　　（2） $|z|=\dfrac{3}{2}$；

（3） $|z+\mathrm{i}|=\dfrac{1}{2}$；　　　　　　　　　（4） $|z-\mathrm{i}|=\dfrac{3}{2}$.

**3.13** 证明：函数 $u=x^2-y^2$， $v=2xy$ 都是调和函数， $v$ 是 $u$ 的共轭调和函数，但 $f(z)=v+\mathrm{i}u$ 不是解析函数.

**3.14** 证明 $u(x,y)=\mathrm{e}^x\cos y$ 是调和函数，求其共轭调和函数和由它们构成的解析函数 $f(z)$.

**3.15** 已知下列调和函数，求解析函数 $f(z)=u+\mathrm{i}v$.

（1） $u=x^2-y^2+2xy$；

（2） $u=\dfrac{1}{2}-\dfrac{x}{x^2+y^2}$， $f(2)=0$；

（3） $v=\mathrm{e}^x(y\cos y+x\sin y)+x+y$， $f(0)=\mathrm{i}$.

# 第4章 级　　数

在复数范围内级数与数列的关系同实数范围内级数与数列的关系类似，这一章中也是通过数列来定义级数和研究级数. 复数项级数和复变函数项级数的某些概念、定理与性质都是实数范围内相应内容在复数范围内的推广，学习本章时可以通过类比二者之间的异同去学习. 该章除了介绍复数项级数和复变函数项级数的一些概念与性质外，还介绍了幂级数和洛朗级数，并着重介绍了将解析函数展开成幂级数或洛朗级数的方法，因为这两类级数都是研究解析函数的重要工具，同时也为学习"留数"打下必要的理论基础.

## 4.1　复数项级数

### 4.1.1　复数列的极限

**定义 4.1.1**　设 $\{z_n\}$ $(n=1,2,\cdots)$ 为一复数列，如果存在复常数 $z_0=x_0+\mathrm{i}y_0$，对于任意给定的 $\varepsilon>0$，总存在正整数 $N$，使得当 $n>N$ 时，不等式 $|z_n-z_0|<\varepsilon$ 均成立，那么就称复数 $z_0$ 是复数列 $\{z_n\}$ 在 $n\to\infty$ 时的极限，记为

$$\lim_{n\to\infty}z_n=z_0 \quad 或 \quad z_n\to z_0 \ (n\to\infty).$$

此时也称复数列 $\{z_n\}$ 收敛于 $z_0$. 如果复数列 $\{z_n\}$ 极限不存在，则称 $\{z_n\}$ 发散.

**定理 4.1.1**　设 $z_n=x_n+\mathrm{i}y_n$，$z_0=x_0+\mathrm{i}y_0$，则复数列 $\{z_n\}$ 收敛于 $z_0$ 的充要条件为

$$\lim_{n\to\infty}x_n=x_0 , \quad \lim_{n\to\infty}y_n=y_0 .$$

**证**　如果 $\lim\limits_{n\to\infty}z_n=z_0$，即对于任意给定的 $\varepsilon>0$，总存在正整数 $N$，使得当 $n>N$ 时，不等式 $|z_n-z_0|<\varepsilon$ 均成立. 而

$$z_n-z_0=(x_n-x_0)+\mathrm{i}(y_n-y_0),$$

进而有

$$|x_n-x_0|\leqslant|z_n-z_0|<\varepsilon, \quad |y_n-y_0|\leqslant|z_n-z_0|<\varepsilon,$$

即有

$$\lim_{n\to\infty}x_n=x_0 , \quad \lim_{n\to\infty}y_n=y_0 .$$

反之，如果 $\lim\limits_{n\to\infty}x_n=x_0$，那么对于任意给定的 $\varepsilon>0$，总存在正整数 $N_1$，使得当 $n>N_1$ 时，总有 $|x_n-x_0|<\dfrac{\varepsilon}{2}$ 成立. 如果 $\lim\limits_{n\to\infty}y_n=y_0$，那么对于任意给定的 $\varepsilon>0$，总存在正整数 $N_2$，使得当 $n>N_2$ 时，总有 $|y_n-y_0|<\dfrac{\varepsilon}{2}$ 成立. 取 $N=\max\{N_1,N_2\}$，当 $n>N$ 时，$|x_n-x_0|<\dfrac{\varepsilon}{2}$ 与 $|y_n-y_0|<\dfrac{\varepsilon}{2}$ 同时成立，从而有

$$|z_n-z_0|=|(x_n-x_0)+\mathrm{i}(y_n-y_0)|\leqslant|x_n-x_0|+|y_n-y_0|<\varepsilon,$$

即有

$$\lim_{n\to\infty}z_n=z_0.$$

## 4.1.2　级数的概念

设 $\{z_n=x_n+\mathrm{i}y_n\}\,(n=1,2,\cdots)$ 为一复数列，表达式

$$\sum_{n=1}^{\infty}z_n=z_1+z_2+\cdots+z_n+\cdots$$

称为无穷级数，它的前 $n$ 项的和

$$s_n=z_1+z_2+\cdots+z_n$$

称为级数 $\sum\limits_{n=1}^{\infty}z_n$ 的部分和.

如果部分和数列 $\{s_n\}$ 收敛，则称级数 $\sum\limits_{n=1}^{\infty}z_n$ 为收敛的，并且极限 $\lim\limits_{n\to\infty}s_n=s$ 称为级数的和. 如果部分和数列 $\{s_n\}$ 不收敛，那么级数 $\sum\limits_{n=1}^{\infty}z_n$ 称为发散级数.

**定理 4.1.2**　设 $z_n=x_n+\mathrm{i}y_n$，则级数 $\sum\limits_{n=1}^{\infty}z_n$ 收敛的充要条件是两个实数项级数 $\sum\limits_{n=1}^{\infty}x_n$ 和 $\sum\limits_{n=1}^{\infty}y_n$ 同时收敛.

**证**　因为

$$s_n=\sum_{k=1}^{n}z_k=\sum_{k=1}^{n}x_k+\mathrm{i}\sum_{k=1}^{n}y_k=\sigma_n+\mathrm{i}\tau_n,$$

由定理 4.1.1 可知，数列 $\{s_n\}$ 收敛的充要条件为 $\{\sigma_n\}$ 和 $\{\tau_n\}$ 的极限都存在，即级数 $\sum\limits_{n=1}^{\infty}x_n$ 和 $\sum\limits_{n=1}^{\infty}y_n$ 收敛.由定理 4.1.2 可知，复数项级数的收敛问题可转化为实数

项级数的收敛问题去理解和讨论. 因为实数项级数 $\displaystyle\sum_{n=1}^{\infty} x_n$ 和 $\displaystyle\sum_{n=1}^{\infty} y_n$ 收敛的必要条件为

$$\lim_{n\to\infty} x_n = 0 \quad \text{和} \quad \lim_{n\to\infty} y_n = 0,$$

故可得到 $\displaystyle\lim_{n\to\infty} z_n = 0$. 综上所述得定理 4.1.3.

**定理 4.1.3** 复数项级数 $\displaystyle\sum_{n=1}^{\infty} z_n$ 收敛的必要条件是 $\displaystyle\lim_{n\to\infty} z_n = 0$.

**定理 4.1.4** 设 $z_n = x_n + \mathrm{i}y_n$，如果 $\displaystyle\sum_{n=1}^{\infty} |z_n|$ 收敛，则 $\displaystyle\sum_{n=1}^{\infty} z_n$ 也收敛，且不等式

$$\left|\sum_{n=1}^{\infty} z_n\right| \leqslant \sum_{n=1}^{\infty} |z_n| \text{ 成立.}$$

**证** 由于

$$\sum_{n=1}^{\infty} |z_n| = \sum_{n=1}^{\infty} \sqrt{x_n^2 + y_n^2},$$

并且有

$$|x_n| \leqslant \sqrt{x_n^2 + y_n^2}, \quad |y_n| \leqslant \sqrt{x_n^2 + y_n^2},$$

由实数项级数的比较判别法知，级数 $\displaystyle\sum_{n=1}^{\infty} |x_n|$ 和 $\displaystyle\sum_{n=1}^{\infty} |y_n|$ 都收敛，因而级数 $\displaystyle\sum_{n=1}^{\infty} x_n$ 和 $\displaystyle\sum_{n=1}^{\infty} y_n$ 也都收敛，由定理 4.1.2 知，级数 $\displaystyle\sum_{n=1}^{\infty} z_n$ 是收敛的. 对于级数 $\displaystyle\sum_{n=1}^{\infty} z_n$ 和 $\displaystyle\sum_{n=1}^{\infty} |z_n|$ 的部分和成立的不等式

$$\left|\sum_{k=1}^{n} z_k\right| \leqslant \sum_{k=1}^{n} |z_k|,$$

对上式取极限，得到 $\displaystyle\lim_{n\to\infty}\left|\sum_{k=1}^{n} z_k\right| \leqslant \lim_{n\to\infty}\sum_{k=1}^{n} |z_k|$，即 $\displaystyle\left|\sum_{n=1}^{\infty} z_n\right| \leqslant \sum_{n=1}^{\infty} |z_n|$.

类似实数项级数的结论，复数项级数的收敛性也包括以下两种情形的收敛：

（1）实数项级数 $\displaystyle\sum_{n=1}^{\infty} |z_n|$ 收敛，则复数项级数 $\displaystyle\sum_{n=1}^{\infty} z_n$ 一定收敛，此时称复数项级数 $\displaystyle\sum_{n=1}^{\infty} z_n$ 为绝对收敛；

（2）当复数项级数 $\displaystyle\sum_{n=1}^{\infty} z_n$ 收敛，而实数项级数 $\displaystyle\sum_{n=1}^{\infty} |z_n|$ 发散时，称复数项级数

$\displaystyle\sum_{n=1}^{\infty} z_n$ 为条件收敛.

**例 4.1.1** 下列复数列是否收敛，若收敛，求出其极限.

（1）$z_n = \left(\dfrac{\mathrm{i}}{3}\right)^n$ ；　（2）$z_n = \cos(\mathrm{i}n)$ ；　（3）$z_n = \left(1 - \dfrac{1}{n}\right)\mathrm{e}^{\mathrm{i}\frac{\pi}{n}}$ .

**解**　（1）由于

$$z_n = \left(\frac{\mathrm{i}}{3}\right)^n = \left(\frac{1}{3}\right)^n \left(\cos\frac{\pi}{2} + \mathrm{i}\sin\frac{\pi}{2}\right)^n = \frac{1}{3^n}\left(\cos\frac{n\pi}{2} + \mathrm{i}\sin\frac{n\pi}{2}\right),$$

并且由无穷小与有界变量的乘积仍然为无穷小知

$$\lim_{n\to\infty}\frac{1}{3^n}\cos\frac{n\pi}{2} = 0 \quad \text{和} \quad \lim_{n\to\infty}\frac{1}{3^n}\sin\frac{n\pi}{2} = 0,$$

所以数列 $z_n = \left(\dfrac{\mathrm{i}}{3}\right)^n$ 收敛，且 $\lim\limits_{n\to\infty} z_n = 0$ .

（2）因为 $\cos(\mathrm{i}n) = \dfrac{\mathrm{e}^{-n} + \mathrm{e}^{n}}{2} = \cosh n$ ，因此 $\lim\limits_{n\to\infty} z_n = \infty$ ，故数列 $z_n = \cos(\mathrm{i}n)$ 发散.

（3）因为 $z_n = \left(1 - \dfrac{1}{n}\right)\mathrm{e}^{\mathrm{i}\frac{\pi}{n}} = \left(1 - \dfrac{1}{n}\right)\left(\cos\dfrac{\pi}{n} + \mathrm{i}\sin\dfrac{\pi}{n}\right)$ ，令

$$x_n = \left(1 - \frac{1}{n}\right)\cos\frac{\pi}{n} \text{ 和 } y_n = \left(1 - \frac{1}{n}\right)\sin\frac{\pi}{n},$$

有 $\lim\limits_{n\to\infty} x_n = 1$ 和 $\lim\limits_{n\to\infty} y_n = 0$ ，所以数列 $z_n = \left(1 - \dfrac{1}{n}\right)\mathrm{e}^{\mathrm{i}\frac{\pi}{n}}$ 收敛，且 $\lim\limits_{n\to\infty} z_n = 1$ .

**例 4.1.2** 下列级数是否收敛，是否绝对收敛？

（1）$\displaystyle\sum_{n=1}^{\infty}\left(\frac{1}{n} - \frac{\mathrm{i}}{n^3}\right)$ ；（2）$\displaystyle\sum_{n=1}^{\infty}\frac{\mathrm{i}^n}{n}$ ；（3）$\displaystyle\sum_{n=1}^{\infty}\frac{(5\mathrm{i})^n}{n!}$ ；（4）$\displaystyle\sum_{n=1}^{\infty}\left[\frac{(-1)^n}{n} + \frac{1}{3^n}\mathrm{i}\right]$ .

**解**　（1）因为级数 $\displaystyle\sum_{n=1}^{\infty}\frac{1}{n}$ 发散，$\displaystyle\sum_{n=1}^{\infty}\frac{1}{n^3}$ 收敛，故级数 $\displaystyle\sum_{n=1}^{\infty}\left(\frac{1}{n} - \frac{\mathrm{i}}{n^3}\right)$ 发散.

（2）因为

$$\sum_{n=1}^{\infty}\frac{\mathrm{i}^n}{n} = \left(-\frac{1}{2} + \frac{1}{4} - \frac{1}{6} + \cdots\right) + \mathrm{i}\left(1 - \frac{1}{3} + \frac{1}{5} - \frac{1}{7} + \cdots\right),$$

其实部和虚部都为收敛的交错级数，所以 $\displaystyle\sum_{n=1}^{\infty}\frac{\mathrm{i}^n}{n}$ 收敛，又因为 $\displaystyle\sum_{n=1}^{\infty}\left|\frac{\mathrm{i}^n}{n}\right| = \sum_{n=1}^{\infty}\frac{1}{n}$ 发散，

故 $\displaystyle\sum_{n=1}^{\infty}\frac{i^n}{n}$ 条件收敛.

（3）因为 $\left|\dfrac{(5i)^n}{n!}\right|=\dfrac{5^n}{n!}$，级数 $\displaystyle\sum_{n=1}^{\infty}\frac{5^n}{n!}$ 收敛，故原级数收敛，且为绝对收敛.

（4）因级数 $\displaystyle\sum_{n=1}^{\infty}\frac{(-1)^n}{n}$ 和 $\displaystyle\sum_{n=1}^{\infty}\frac{1}{3^n}$ 收敛，故原级数收敛，但 $\displaystyle\sum_{n=1}^{\infty}\frac{(-1)^n}{n}$ 为条件收敛，
所以原级数非绝对收敛.

## 4.2 幂级数

### 4.2.1 复变函数项级数

设 $\{f(z_n)\}$ $(n=1,2,\cdots)$ 为定义在点集 $E$ 上的复变函数列，表达式

$$\sum_{n=0}^{\infty}f_n(z)=f_0(z)+f_1(z)+f_2(z)+\cdots+f_n(z)+\cdots \tag{4.2.1}$$

称为复变函数项级数，它的前 $n$ 项的和

$$s_n(z)=f_1(z)+f_2(z)+\cdots+f_n(z)$$

称为级数的部分和.

如果对于点集 $E$ 内的某一点 $z_0$，有 $\displaystyle\lim_{n\to\infty}s_n(z_0)=s(z_0)$，则称级数 $\displaystyle\sum_{n=1}^{\infty}f_n(z)$ 在
点 $z_0$ 处是收敛的，$s(z_0)$ 称为它的和. 如果级数 $\displaystyle\sum_{n=1}^{\infty}f_n(z)$ 在点集 $E$ 内的每一点都
收敛，则它的和是关于 $z$ 的一个函数 $s(z)$：

$$s(z)=f_1(z)+f_2(z)+\cdots+f_n(z)+\cdots,$$

函数 $s(z)$ 称为级数 $\displaystyle\sum_{n=1}^{\infty}f_n(z)$ 的和函数.

**例 4.2.1** 求级数

$$\sum_{n=1}^{\infty}z^n=1+z+z^2+\cdots+z^n+\cdots$$

的收敛域与和函数.

**解** 级数的部分和为

$$s_n(z)=1+z+z^2+\cdots+z^n=\frac{1-z^n}{1-z}\quad(z\neq 1).$$

当 $|z|<1$ 时，由于 $\lim\limits_{n\to\infty}z^n=0$，从而有 $\lim\limits_{n\to\infty}s_n(z)=\dfrac{1}{1-z}$，即 $|z|<1$ 时，级数 $\sum\limits_{n=1}^{\infty}z^n$ 收敛，和函数为 $\dfrac{1}{1-z}$；当 $|z|\geqslant1$ 时，由于 $n\to\infty$ 时，$\dfrac{1-z^n}{1-z}$ 无极限，故级数发散.

## 4.2.2　幂级数的概念

对于函数项级数 $\sum\limits_{n=0}^{\infty}f_n(z)$，当 $f(z_n)=c_n(z-z_0)^n$ 或 $f(z_n)=c_nz^n$ 时，就得到一类简单的函数项级数

$$\sum_{n=0}^{\infty}c_n(z-z_0)^n=c_0+c_1(z-z_0)+c_2(z-z_0)^2+\cdots+c_n(z-z_0)^n+\cdots \qquad (4.2.2)$$

或

$$\sum_{n=0}^{\infty}c_nz^n=c_0+c_1z+c_2z^2+\cdots+c_nz^n+\cdots, \qquad (4.2.3)$$

这种级数称为幂级数.

若令 $z-z_0=\zeta$，则式(4.2.2)成为 $\sum\limits_{n=0}^{\infty}c_n\zeta^n$，这就是式(4.2.3)，为了讨论方便，以后只就式(4.2.3)形式的幂级数进行讨论.

同高等数学中实变量幂级数一样，对于复变幂级数也有与阿贝尔定理类似的定理.

**定理 4.2.1（阿贝尔（Abel）定理）**　如果幂级数（4.2.3）在点 $z_0$（$z_0\neq0$）收敛，那么对满足 $|z|<|z_0|$ 的点 $z$，级数(4.2.3)必绝对收敛;如果幂级数（4.2.3）在点 $z_0$ 发散，那么对满足 $|z|>|z_0|$ 的点 $z$，级数（4.2.3）必发散.

**证**　因为级数 $\sum\limits_{n=0}^{\infty}c_nz_0^n$ 收敛，根据级数收敛的必要条件，有 $\lim\limits_{n\to\infty}c_nz_0^n=0$，因而存在正数 $M$，使对所有的 $n$，有 $|c_nz_0^n|\leqslant M$.

如果 $|z|<|z_0|$，则有 $\dfrac{|z|}{|z_0|}=q<1$，从而有

$$|c_nz^n|=|c_nz_0^n|\cdot\left|\dfrac{z}{z_0}\right|^n\leqslant Mq^n.$$

由于 $\sum\limits_{n=0}^{\infty}Mq^n$ 是公比小于 1 的等比级数，故为收敛级数，从而由比较审敛法知 $\sum\limits_{n=0}^{\infty}|c_nz^n|$ 收敛，即级数 $\sum\limits_{n=0}^{\infty}c_nz^n$ 是绝对收敛的.

下面用反证法来证明：如果级数 $\sum\limits_{n=0}^{\infty} c_n z_0^n$ 发散，则 $|z| > |z_0|$ 时，级数 $\sum\limits_{n=0}^{\infty} c_n z^n$ 必发散. 假设级数 $\sum\limits_{n=0}^{\infty} c_n z^n$ 收敛，由于 $|z| < |z_0|$，则根据前面讨论的结论可得级数 $\sum\limits_{n=0}^{\infty} c_n z_0^n$ 收敛，发生矛盾，故级数 $\sum\limits_{n=0}^{\infty} c_n z^n$ 发散.

阿贝尔定理的几何意义是：如果 $\sum\limits_{n=0}^{\infty} c_n z^n$ 在点 $z = z_0 (z_0 \neq 0)$ 收敛，那么该级数在以原点为圆心、$|z_0|$ 为半径的圆周内部的任意点必收敛且绝对收敛；反之，若 $\sum\limits_{n=0}^{\infty} c_n z^n$ 在点 $z = z_0$ 发散，那么该级数在以原点为圆心、$|z_0|$ 为半径的圆周外的任意点必发散.

### 4.2.3　收敛圆与收敛半径

利用阿贝尔定理，可以定出幂级数的收敛范围. 对于一个幂级数来说，它的收敛情况有下列三种：

（1）对所有的正实数，级数 $\sum\limits_{n=0}^{\infty} c_n z^n$ 都是收敛的. 此时，根据阿贝尔定理可知级数在复平面内处处绝对收敛.

（2）对所有的正实数，除 $z = 0$ 外，级数 $\sum\limits_{n=0}^{\infty} c_n z^n$ 都是发散的，此时级数在复平面内除原点外处处发散.

（3）既存在使级数收敛的正实数，也存在使级数发散的正实数，设 $z = a$（正实数）时，级数 $\sum\limits_{n=0}^{\infty} c_n z^n$ 收敛；$z = b$（正实数）时，级数 $\sum\limits_{n=0}^{\infty} c_n z^n$ 发散，根据阿贝尔定理，级数 $\sum\limits_{n=0}^{\infty} c_n z^n$ 在 $z \in \{z \,|\, |z| < a\}$ 的范围内都绝对收敛，而在 $z \in \{z \,|\, |z| > b\}$ 内都发散.

在这种情况下，可以证明：存在一个有限的正数 $R$（$a \leqslant R \leqslant b$），使得幂级数 $\sum\limits_{n=0}^{\infty} c_n z^n$ 在圆 $|z| = R$ 内部处处收敛，在圆 $|z| = R$ 外部处处发散，正数 $R$ 称为幂级数的收敛半径，$|z| = R$ 称为收敛圆. 对于情形 (1) 收敛半径为 $R = \infty$，对于情形 (2) 收敛半径为 $R = 0$.

幂级数在收敛圆上的收敛性有三种可能：处处收敛、处处发散、既有收敛点又有发散点.

对于幂级数收敛半径的确定和实幂级数收敛半径的确定方法类似, 比值法和根值法是求收敛半径的两个行之有效的方法.

**定理 4.2.2 (比值法)**   对于幂级数 $\sum\limits_{n=0}^{\infty} c_n z^n$, 如果 $\lim\limits_{n\to\infty}\left|\dfrac{c_{n+1}}{c_n}\right| = \rho$, 当 $\rho \neq 0$ 时,

收敛半径为 $R = \dfrac{1}{\rho}$; 当 $\rho = 0$ 时, 收敛半径为 $R = +\infty$; 当 $\rho = \infty$ 时, 收敛半径为

$R = 0$.

**证**   当 $\rho \neq 0$ 时, 由于

$$\lim_{n\to\infty}\frac{|c_{n+1}\|z|^{n+1}}{|c_n\|z|^n} = \lim_{n\to\infty}\frac{|c_{n+1}|}{|c_n|}|z| = \rho|z|,$$

故知当 $|z| < \dfrac{1}{\rho}$ 时, 级数 $\sum\limits_{n=0}^{\infty}|c_n\|z|^n$ 收敛, 根据定理 4.1.4, 级数 $\sum\limits_{n=0}^{\infty} c_n z^n$ 在圆 $|z| = \dfrac{1}{\rho}$

内收敛; 再证当 $|z| > \dfrac{1}{\rho}$ 时, 级数 $\sum\limits_{n=0}^{\infty} c_n z^n$ 发散. 设在圆 $|z| = \dfrac{1}{\rho}$ 外有一点 $z_0$, 使

级数 $\sum\limits_{n=0}^{\infty} c_n z_0^n$ 收敛, 在圆外再取一点 $z_1$, 使 $|z_1| < |z_0|$, 则由阿贝尔定理, 级数

$\sum\limits_{n=0}^{\infty}|c_n\|z_1^n|$ 必收敛. 然而 $|z_1| > \dfrac{1}{\rho}$, 所以

$$\lim_{n\to\infty}\frac{|c_{n+1}\|z_1|^{n+1}}{|c_n\|z_1|^n} = \lim_{n\to\infty}\frac{|c_{n+1}|}{|c_n|}|z_1| = \rho|z_1| > 1.$$

这和 $\sum\limits_{n=0}^{\infty}|c_n\|z_1^n|$ 收敛矛盾, 即在圆周 $|z| = \dfrac{1}{\rho}$ 外有一点 $z_0$, 使级数 $\sum\limits_{n=0}^{\infty} c_n z_0^n$ 收敛

的假定不成立. 因而级数 $\sum\limits_{n=0}^{\infty} c_n z^n$ 在圆 $|z| = \dfrac{1}{\rho}$ 外发散. 以上结果表明了收敛半

径为 $R = \dfrac{1}{\rho}$.

当 $\rho = 0$ 时, 则对于任何 $z$, 级数 $\sum\limits_{n=0}^{\infty}|c_n\|z|^n$ 收敛, 从而级数 $\sum\limits_{n=0}^{\infty} c_n z^n$ 在复平

面内处处收敛, 即收敛半径为 $R = +\infty$.

当 $\rho = \infty$ 时, 则对复平面内除 $z = 0$ 以外的一切 $z$, 级数 $\sum\limits_{n=0}^{\infty}|c_n\|z|^n$ 都不收

敛. 因此级数 $\sum\limits_{n=0}^{\infty} c_n z^n$ 也不收敛, 即 $R = 0$.

**定理 4.2.3（根值法）** 对于幂级数 $\sum\limits_{n=0}^{\infty} c_n z^n$，如果 $\lim\limits_{n\to\infty}\sqrt[n]{|c_n|}=\rho$，当 $\rho\neq 0$ 时，收敛半径为 $R=\dfrac{1}{\rho}$；当 $\rho=0$ 时，收敛半径为 $R=+\infty$；当 $\rho=\infty$ 时，收敛半径为 $R=0$.

**证 略.**

**例 4.2.2** 求下列幂级数 $\sum\limits_{n=0}^{\infty} z^n$，$\sum\limits_{n=1}^{\infty}\dfrac{z^n}{\sqrt{n}}$ 和 $\sum\limits_{n=1}^{\infty}\dfrac{z^n}{n^4}$ 的收敛半径，并讨论在收敛圆上级数的敛散性.

**解** 三个级数的收敛半径均为 $\lim\limits_{n\to\infty}\left|\dfrac{c_n}{c_{n+1}}\right|=1$，但三个级数在收敛圆 $|z|=1$ 上的敛散性却不一样. 在 $|z|=1$ 上，由于 $\lim\limits_{n\to\infty} z^n\neq 0$，因此级数 $\sum\limits_{n=0}^{\infty} z^n$ 在 $|z|=1$ 上处处发散；级数 $\sum\limits_{n=1}^{\infty}\dfrac{z^n}{\sqrt{n}}$ 在 $|z|=1$ 上的 $z=1$ 处发散，$z=-1$ 处收敛，其他点需进一步的讨论；级数 $\sum\limits_{n=1}^{\infty}\dfrac{z^n}{n^4}$ 在 $|z|=1$ 上处处绝对收敛.

由上例可以看出级数在收敛圆上的收敛情况比较复杂，只能对具体级数具体讨论.

**例 4.2.3** 求下列幂级数的收敛半径.

（1）$\sum\limits_{n=1}^{\infty}(1+2\mathrm{i})^n z^n$；　　　　　　（2）$\sum\limits_{n=1}^{\infty}\dfrac{n! z^n}{n^n}$.

**解** （1）因为

$$\rho=\lim_{n\to\infty}\sqrt[n]{|c_n|}=\lim_{n\to\infty}\sqrt[n]{|1+2\mathrm{i}|^n}=\sqrt{5},$$

所以收敛半径 $R=\dfrac{1}{\sqrt{5}}=\dfrac{\sqrt{5}}{5}$.

（2）因为

$$R=\lim_{n\to\infty}\left|\dfrac{c_n}{c_{n+1}}\right|=\lim_{n\to\infty}\dfrac{\dfrac{n!}{n^n}}{\dfrac{(n+1)!}{(n+1)^{n+1}}}=\lim_{n\to\infty}\dfrac{(n+1)^n}{n^n}=\mathrm{e},$$

故收敛半径 $R=\mathrm{e}$.

**例 4.2.4** 求幂级数 $\sum\limits_{n=1}^{\infty}\dfrac{(z-2)^n}{\sqrt{n}}$ 的收敛半径，并讨论 $z=1,3$ 时的收敛性.

**解** 因为 $\lim\limits_{n\to\infty}\left|\dfrac{c_n}{c_{n+1}}\right|=\lim\limits_{n\to\infty}\dfrac{\sqrt{n}}{\sqrt{n+1}}=1$，所以收敛半径 $R=1$. 在收敛圆 $|z-2|=1$

上，当 $z=1$ 时，原级数成为 $\sum\limits_{n=1}^{\infty}\dfrac{(-1)^n}{\sqrt{n}}$，该级数收敛；当 $z=3$ 时，原级数成为

$\sum\limits_{n=1}^{\infty}\dfrac{1}{\sqrt{n}}$，该级数发散.

### 4.2.4 幂级数的运算性质和分析性质

和实幂级数一样，复幂级数也能进行加、减、乘运算及复合运算.

（1）代数运算

设 $f(z)=\sum\limits_{n=0}^{\infty}a_nz^n$，收敛半径 $R=r_1$；$g(z)=\sum\limits_{n=0}^{\infty}b_nz^n$，收敛半径 $R=r_2$，令 $r=\min\{r_1,r_2\}$，那么这两个幂级数可以像多项式一样进行加法、减法与乘法运算，所得的幂级数的收敛半径小于 $r$，其和函数就是 $f(z)$ 与 $g(z)$ 的和、差与积. 即有

$$f(z)\pm g(z)=\sum\limits_{n=0}^{\infty}a_nz^n\pm\sum\limits_{n=0}^{\infty}b_nz^n=\sum\limits_{n=0}^{\infty}(a_n\pm b_n)z^n \quad (\,|z|<r\,),$$

$$f(z)g(z)=\left(\sum\limits_{n=0}^{\infty}a_nz^n\right)\left(\sum\limits_{n=0}^{\infty}b_nz^n\right)=\sum\limits_{n=0}^{\infty}(a_nb_0+a_{n-1}b_1+\cdots+a_0b_n)z^n \quad (\,|z|<r\,).$$

（2）复合运算

如果当 $|z|<r$ 时，$f(z)=\sum\limits_{n=0}^{\infty}a_nz^n$，又设在 $|z|<R$ 内 $g(z)$ 解析，且满足 $|g(z)|<r$，则当 $|z|<R$ 时，$f(g(z))=\sum\limits_{n=0}^{\infty}a_n[g(z)]^n$.

代数运算在函数展开成幂级数时，有着广泛的应用. 为了下一节介绍泰勒展开定理，我们首先介绍一个简单的函数展开成幂级数的例题.

**例 4.2.5** 把函数 $\dfrac{1}{z-a}$ 表示成形如 $f(z)=\sum\limits_{n=0}^{\infty}c_n(z-b)^n$ 的幂级数，其中 $a$ 与 $b$ 是不相等的复常数.

**解** 可以把函数 $\dfrac{1}{z-a}$ 表示成

$$\frac{1}{z-a} = \frac{1}{z-b-(a-b)} = -\frac{1}{a-b} \cdot \frac{1}{1-\dfrac{z-b}{a-b}}$$

的形式. 由例 4.2.1 知，当 $\left|\dfrac{z-b}{a-b}\right| < 1$ 时，有

$$\frac{1}{1-\dfrac{z-b}{a-b}} = 1 + \frac{z-b}{a-b} + \left(\frac{z-b}{a-b}\right)^2 + \cdots + \left(\frac{z-b}{a-b}\right)^n + \cdots,$$

从而得到

$$\frac{1}{z-a} = -\frac{1}{a-b} - \frac{1}{(a-b)^2}(z-b) - \frac{1}{(a-b)^3}(z-b)^2 - \cdots - \frac{1}{(a-b)^{n+1}}(z-b)^n - \cdots,$$

设 $|a-b| = r$，则当 $|z-b| < r$ 时，上式右端的级数收敛，且其和为 $\dfrac{1}{z-a}$. 又因为 $z=b$ 时，上式右端的级数发散，故由阿贝尔定理知，当 $|z-b| > r$ 时，级数发散，故上式右端的级数收敛半径为 $r = |a-b|$. 本例函数展开成幂级数的方法是所谓的间接法.

复幂级数也有和以下实幂级数类似的分析性质.

**定理 4.2.4**　设幂级数 $\displaystyle\sum_{n=0}^{\infty} c_n(z-z_0)^n$ 的收敛半径为 $R$，则：

（1）它的和函数 $f(z) = \displaystyle\sum_{n=0}^{\infty} c_n(z-z_0)^n$ 是收敛圆 $|z-z_0| < R$ 内的解析函数；

（2）$f(z)$ 在收敛圆内的导数可通过将其幂级数逐项求导得到，即

$$f'(z) = \sum_{n=0}^{\infty} n c_n(z-z_0)^{n-1};$$

（3）$f(z)$ 在收敛圆内可以逐项积分，即

$$\int_C f(z)\mathrm{d}z = \sum_{n=0}^{\infty} c_n \int_C (z-z_0)^n \mathrm{d}z,$$

其中 $C$ 为区域 $|z-z_0| < R$ 内的一条曲线.

## 4.3　泰勒级数

根据 4.2 节讨论可知，幂级数的和函数在其收敛域内一定是解析函数，反之，任何一个解析函数是否一定可以展开为幂级数呢？下面的泰勒定理解决了

这个问题.

**定理 4.3.1（泰勒展开定理）** 设 $f(z)$ 在区域 $K$ 内解析，$z_0$ 为 $K$ 内的一点，$a$ 为 $z_0$ 到 $K$ 的边界的最短距离，则当 $|z-z_0|<a$ 时，$f(z)$ 可以展开为幂级数

$$f(z) = \sum_{n=0}^{\infty} c_n (z-z_0)^n, \tag{4.3.1}$$

其中 $c_n = \dfrac{f^{(n)}(z_0)}{n!}$ $(n=0,1,2,\cdots)$，并且展开式唯一.

**证** 设 $z$ 为圆域 $|z-z_0|<a$ 内的任一点，作以 $z_0$ 为圆心、半径为 $r$ $(r<a)$ 的圆 $C:|\xi-z_0|<r$，使 $z$ 在圆 $C$ 的内部（图 4.3.1），显然 $C$ 及其内部包含在 $K$ 内. 由柯西积分公式，有

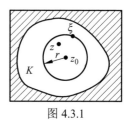

图 4.3.1

$$f(z) = \frac{1}{2\pi i} \int_C \frac{f(\xi)}{\xi-z}\mathrm{d}\xi, \tag{4.3.2}$$

由于 $\xi$ 在 $C$ 上，而 $z$ 在圆 $C$ 内，所以 $\left|\dfrac{z-z_0}{\xi-z_0}\right|<1$，进而有展开式

$$\frac{1}{\xi-z} = \frac{1}{\xi-z_0-(z-z_0)} = \frac{1}{\xi-z_0}\frac{1}{1-\dfrac{z-z_0}{\xi-z_0}}$$

$$= \frac{1}{\xi-z_0}\sum_{n=0}^{\infty}\left(\frac{z-z_0}{\xi-z_0}\right)^n = \sum_{n=0}^{\infty}\frac{(z-z_0)^n}{(\xi-z_0)^{n+1}}.$$

将上式代入式(4.3.2)，并整理得到

$$f(z) = \sum_{n=0}^{N-1}\left[\frac{1}{2\pi i}\oint_C\frac{f(\xi)\mathrm{d}\xi}{(\xi-z_0)^{n+1}}\right](z-z_0)^n + \frac{1}{2\pi i}\oint_C\left[\sum_{n=N}^{\infty}\frac{f(\xi)}{(\xi-z_0)^{n+1}}(z-z_0)^n\right]\mathrm{d}\xi.$$

由解析函数的高阶导数公式，上式又可写成

$$f(z) = \sum_{n=0}^{N-1}\frac{f^{(n)}(z_0)}{n!}(z-z_0)^n + R_N(z), \tag{4.3.3}$$

其中

$$R_N(z) = \frac{1}{2\pi i}\oint_C\left[\sum_{n=N}^{\infty}\frac{f(\xi)}{(\xi-z_0)^{n+1}}(z-z_0)^n\right]\mathrm{d}\xi.$$

（1）下证 $\lim_{n\to\infty} R_N(z) = 0$.

由于 $f(z)$ 在区域 $K$ 内解析，所以在 $C$ 上连续，因此存在一个正常数 $M$，在 $C$ 上 $|f(\xi)| \leqslant M$，又由于 $\xi$ 在 $C$ 上，而 $z$ 在 $C$ 内，所以 $\left|\dfrac{z-z_0}{\xi-z_0}\right| = \dfrac{|z-z_0|}{r} = q < 1$（$q$ 与积分变量 $\xi$ 无关），于是有

$$|R_N(z)| \leqslant \frac{1}{2\pi} \oint_C \left| \sum_{n=N}^{\infty} \frac{f(\xi)}{(\xi-z_0)^{n+1}} (z-z_0)^n \right| \mathrm{d}s$$

$$\leqslant \frac{1}{2\pi} \oint_C \sum_{n=N}^{\infty} \frac{|f(\xi)|}{|\xi-z_0|} \left| \frac{z-z_0}{\xi-z_0} \right|^n \mathrm{d}s$$

$$\leqslant \frac{1}{2\pi} \sum_{n=N}^{\infty} \frac{M}{r} q^n \, 2\pi r = \frac{Mq^N}{1-q}.$$

又因为 $\lim\limits_{N\to\infty} q^N = 0$，所以 $\lim\limits_{n\to\infty} R_N(z) = 0$ 在 $C$ 内成立，由式(4.3.3)可得

$$f(z) = \sum_{n=0}^{\infty} \frac{f^{(n)}(z_0)}{n!} (z-z_0)^n.$$

该公式叫做 $f(z)$ 在 $z_0$ 的泰勒级数，与实变级数的形式一样.

（2）下证展开式的唯一性.

设 $f(z)$ 在 $z_0$ 处又可以展开成幂级数：

$$f(z) = a_0 + a_1(z-z_0) + a_2(z-z_0)^2 + \cdots + a_n(z-z_0)^n + \cdots,$$

则令 $z = z_0$ 可得 $f(z_0) = a_0$，由幂级数可以在收敛圆内逐项求导，对上式求导可得

$$f(z) = a_1 + 2a_2(z-z_0) + \cdots + na_n(z-z_0)^n + \cdots,$$

令 $z = z_0$ 可得 $f'(z_0) = a_1$，同理可得 $f^{(n)}(z_0) = n!a_n$，即有

$$a_n = \frac{f^{(n)}(z_0)}{n!} \quad (n = 0,1,2,\cdots),$$

故 $f(z)$ 的展开式为唯一的.

应该注意的是：如果 $f(z)$ 在 $K$ 内有奇点，则使 $f(z)$ 在 $z_0$ 的泰勒展开式成立的 $R$ 就等于从 $z_0$ 到 $f(z)$ 的距 $z_0$ 最近一个奇点 $z_1$ 之间的距离，即 $R = |z_1 - z_0|$. 这是因为 $f(z)$ 在收敛圆内解析，故奇点不可能在收敛圆内；又因为奇点 $z_1$ 不可能在收敛圆外，不然收敛半径还可以增大，故奇点只能在收敛圆上.

**例 4.3.1** 求 $f(z) = \mathrm{e}^z$ 在 $z = 0$ 处的泰勒展开式.

**解** 因为

$$(\mathrm{e}^z)^{(n)} = \mathrm{e}^z, \quad 故 (\mathrm{e}^z)^{(n)}|_{z=0} = 1 \quad (n = 0,1,2,\cdots),$$

于是

$$a_n = \frac{f^{(n)}(0)}{n!} = \frac{1}{n!} \quad (n = 0, 1, 2, \cdots),$$

从而所求的展开式为

$$e^z = 1 + z + \frac{z^2}{2!} + \frac{z^3}{3!} + \cdots + \frac{z^n}{n!} + \cdots = \sum_{n=0}^{\infty} \frac{z^n}{n!}.$$

因为 $e^z$ 在复平面内处处解析，所以上式在复平面内处处成立，且右端的幂级数的收敛半径为 $+\infty$.

同理可以得到幂函数 $(1+z)^\alpha$ ($\alpha$ 为复数) 的主值支

$$f(z) = (1+z)^\alpha, \quad f(0) = 1$$

在 $z = 0$ 处的泰勒展开式为

$$(1+z)^\alpha = 1 + \alpha z + \frac{\alpha(\alpha-1)}{2!} z^2 + \cdots + \frac{\alpha(\alpha-1)\cdots(\alpha-n+1)}{n!} z^n + \cdots \quad (|z| < 1).$$

例 4.3.1 得到幂级数的方法称为直接法. 借助一些已知函数的展开式，利用幂级数的运算性质和分析性质，以唯一性为依据来得到函数的泰勒展开式，这种方法称为间接法. 例如 $\sin z$ 在 $z = 0$ 处的泰勒展开式可以用下列方法得到:

$$\sin z = \frac{1}{2i}(e^{iz} - e^{-iz}) = \frac{1}{2i}\left[ \sum_{n=0}^{\infty} \frac{(iz)^n}{n!} - \sum_{n=0}^{\infty} \frac{(-iz)^n}{n!} \right]$$

$$= z - \frac{z^3}{3!} + \frac{z^5}{5!} - \cdots + (-1)^n \frac{z^{2n+1}}{(2n+1)!} + \cdots = \sum_{n=0}^{\infty} (-1)^n \frac{z^{2n+1}}{(2n+1)!},$$

同理可得

$$\cos z = 1 - \frac{z^2}{2!} + \frac{z^4}{4!} - \frac{z^6}{6!} + \cdots + (-1)^n \frac{z^{2n}}{(2n)!} + \cdots = \sum_{n=0}^{\infty} (-1)^n \frac{z^{2n}}{(2n)!}.$$

由于 $\sin z$ 和 $\cos z$ 在复平面内处处解析，所以上面两式在复平面内处处成立，且右端的幂级数的收敛半径为 $+\infty$.

**例 4.3.2**　把函数 $f(z) = \dfrac{1}{(1+z)^2}$ 展开成 $z$ 的幂级数.

**解**　由于函数 $f(z)$ 只有一奇点 $z = -1$，其收敛半径为 $R = |-1-0| = 1$，故函数 $f(z)$ 在 $|z| < 1$ 内可以展开成 $z$ 的幂级数. 由于

$$\frac{1}{1+z} = 1 - z + z^2 - \cdots + (-1)^n z^n + \cdots \quad (|z| < 1).$$

对上式两边逐项求导，即得到所求的幂级数的展开式

$$\frac{1}{(1+z)^2} = 1 - 2z + 3z^2 - \cdots + (-1)^n nz^{n-1} + \cdots \quad (|z| < 1).$$

**例 4.3.3** 把对数的主值 $\ln(1+z)$ 展开成 $z$ 的幂级数.

**解** $\ln(1+z)$ 从 $-1$ 向左沿负轴剪开的平面内是解析的，而距 $z=0$ 最近的奇点为 $-1$，故函数 $\ln(1+z)$ 展开的幂级数的收敛半径为 $R = |-1-0| = 1$，所以 $\ln(1+z)$ 在 $|z| < 1$ 内可以展开成 $z$ 的幂级数，利用级数展开的间接法有

$$(\ln(1+z))' = \frac{1}{1+z} = 1 - z + z^2 - \cdots + (-1)^n z^n + \cdots \quad (|z| < 1),$$

在 $|z| < 1$ 内任取一条从 $0$ 到 $z$ 的积分曲线 $C$，将上式两端沿 $C$ 逐项积分，得

$$\int_0^z \frac{1}{1+z} \mathrm{d}z = \int_0^z \mathrm{d}z - \int_0^z z\mathrm{d}z + \int_0^z z^2\mathrm{d}z - \cdots + \int_0^z (-1)^n z^n \mathrm{d}z + \cdots,$$

即有

$$\ln(1+z) = z - \frac{z^2}{2} + \frac{z^3}{3} - \cdots + (-1)^n \frac{z^{n+1}}{n+1} + \cdots \quad (|z| < 1).$$

**例 4.3.4** 求幂级数的展开式.

（1）将 $f(z) = \mathrm{e}^z \cos z$ 展开成 $z$ 的幂级数；

（2）将 $f(z) = \dfrac{1}{1-z}$ 展开成 $z - 2\mathrm{i}$ 的幂级数.

**解** （1）$\mathrm{e}^z \cos z = \mathrm{e}^z \dfrac{\mathrm{e}^{\mathrm{i}z} + \mathrm{e}^{-\mathrm{i}z}}{2} = \dfrac{\mathrm{e}^{(1+\mathrm{i})z} + \mathrm{e}^{(1-\mathrm{i})z}}{2}$

$$= \frac{1}{2}\left[\sum_{n=0}^{\infty} \frac{(1+\mathrm{i})^n z^n}{n!} + \sum_{n=0}^{\infty} \frac{(1-\mathrm{i})^n z^n}{n!}\right]$$

$$= \sum_{n=0}^{\infty} \frac{1}{n!}\left[\frac{(1+\mathrm{i})^n + (1-\mathrm{i})^n}{2}\right] z^n \quad (|z| < \infty).$$

（2）$\dfrac{1}{1-z} = \dfrac{1}{1-2\mathrm{i}-(z-2\mathrm{i})} = \dfrac{1}{1-2\mathrm{i}} \dfrac{1}{1 - \dfrac{z-2\mathrm{i}}{1-2\mathrm{i}}}$

$$= \frac{1}{1-2\mathrm{i}}\left[1 + \frac{z-2\mathrm{i}}{1-2\mathrm{i}} + \left(\frac{z-2\mathrm{i}}{1-2\mathrm{i}}\right)^2 + \cdots + \left(\frac{z-2\mathrm{i}}{1-2\mathrm{i}}\right)^n + \cdots\right]$$

$$= \sum_{n=0}^{\infty} \frac{1}{(1-2\mathrm{i})^{n+1}} (z-2\mathrm{i})^n \quad \left(\left|\frac{z-2\mathrm{i}}{1-2\mathrm{i}}\right| < 1\right).$$

## 4.4 洛朗级数

一个以 $z_0$ 为中心的圆内的解析函数 $f(z)$，可以在该圆内展开成 $z-z_0$ 的幂级数，假设 $f(z)$ 在 $z_0$ 处不解析，则在 $z_0$ 的邻域内不能用 $z-z_0$ 的幂级数表示. 这种情形在一些具体问题中经常遇到，因此有必要讨论在以 $z_0$ 为中心的圆环内解析函数的级数表示法.

讨论下列形式的级数：

$$\sum_{n=-\infty}^{\infty} c_n(z-z_0)^n = \cdots + c_{-n}(z-z_0)^{-n} + \cdots + c_{-1}(z-z_0)^{-1}$$
$$+ c_0 + c_1(z-z_0) + \cdots + c_n(z-z_0)^n + \cdots, \tag{4.4.1}$$

其中 $z_0$ 及 $c_n$（$n=0,\pm1,\pm2,\cdots$）都是常数，级数 (4.4.1) 称为洛朗级数.

将其分为两个部分考虑：

正幂项（包括常数）部分：$\displaystyle\sum_{n=0}^{\infty} c_n(z-z_0)^n = c_0 + c_1(z-z_0) + \cdots + c_n(z-z_0)^n + \cdots$.

负幂项部分：$\displaystyle\sum_{n=1}^{\infty} c_{-n}(z-z_0)^{-n} = c_{-1}(z-z_0)^{-1} + \cdots + c_{-n}(z-z_0)^{-n} + \cdots$.

正幂项部分 $\displaystyle\sum_{n=0}^{\infty} c_n(z-z_0)^n$ 是一个通常的幂级数，它的收敛范围是一个圆，设它的收敛半径为 $R_2$，那么当 $|z-z_0| < R_2$ 时，级数收敛，当 $|z-z_0| > R_2$ 时，级数发散.

对于负幂项部分 $\displaystyle\sum_{n=1}^{\infty} c_{-n}(z-z_0)^{-n}$，令 $\zeta = (z-z_0)^{-1}$，则可得

$$\sum_{n=1}^{\infty} c_{-n}(z-z_0)^{-n} = \sum_{n=1}^{\infty} c_{-n}\zeta^n = c_{-1}\zeta + c_{-2}\zeta^2 + \cdots + c_{-n}\zeta^n + \cdots,$$

上面级数是 $\zeta$ 的幂级数，设它的收敛半径为 $R$（$R \neq 0$），则当 $|\zeta| < R$ 时，级数收敛；当 $|\zeta| > R$ 时，级数发散，令 $R_1 = \dfrac{1}{R}$，则当 $|\zeta| < R$，即当 $|z-z_0| > R_1$ 时，级数收敛；当 $|\zeta| > R$，即当 $|z-z_0| < R_1$ 时，级数发散.

综上讨论可知，当 $R_1 < |z-z_0| < R_2$ 时，正幂项部分 $\displaystyle\sum_{n=0}^{\infty} c_n(z-z_0)^n$ 和负幂项部分 $\displaystyle\sum_{n=1}^{\infty} c_{-n}(z-z_0)^{-n}$ 都收敛，也就是两个级数的公共收敛区域是一个圆环，在一些特殊情形下，圆环的内半径 $R_1$ 可能等于零，而外半径可能是无穷大.

**例 4.4.1**　求级数 $\sum\limits_{n=1}^{\infty}\dfrac{3^n}{(z-4)^n}+\sum\limits_{n=0}^{\infty}\left(\dfrac{z}{4}-1\right)^n$ 的收敛半径.

**解**　由于

$$\sum_{n=1}^{\infty}\frac{3^n}{(z-4)^n}+\sum_{n=0}^{\infty}\left(\frac{z}{4}-1\right)^n=\sum_{n=1}^{\infty}3^n(z-4)^{-n}+\sum_{n=0}^{\infty}\frac{1}{4^n}(z-4)^n,$$

而

$$R_1=\lim_{n\to\infty}\sqrt[n]{3^n}=3,\qquad R_2=\lim_{n\to\infty}\frac{1}{\sqrt[n]{\dfrac{1}{4^n}}}=4,$$

故原级数的收敛圆环为 $3<|z-4|<4$.

形如式(4.4.1)的幂级数称为双边幂级数, 这种双边幂级数称为洛朗级数, 从结构上来看, 它是幂级数的推广, 同时也是一种简单的函数项级数. 洛朗级数是研究解析函数的重要工具, 尤其是在研究解析函数局部性质时具有重要的作用. 幂级数在收敛圆内所具有的性质, 双边幂级数在收敛圆环内也同样具有, 可以证明, 双边幂级数在收敛圆环内其和函数是解析的, 且可以逐项积分和逐项求导, 那么反过来要问, 在圆环内解析的函数是否一定能展开成级数? 我们先看下面的问题.

函数 $f(z)=\dfrac{1}{z(1-z)}$ 在 $z=0$ 和 $z=1$ 处不解析, 但在圆环 $0<|z|<1$ 及 $0<|z-1|<1$ 内是处处解析的. 首先考虑圆环 $0<|z|<1$ 的情形:

$$f(z)=\frac{1}{z(1-z)}=\frac{1}{z}+\frac{1}{1-z},$$

又由于在 $|z|<1$ 内, 有

$$\frac{1}{1-z}=1+z+z^2+\cdots+z^n+\cdots,$$

所以

$$f(z)=\frac{1}{z(1-z)}=\frac{1}{z}+1+z+z^2+\cdots+z^n+\cdots,$$

可见 $f(z)$ 在 $0<|z|<1$ 内是可以展开为级数的.

再考虑 $0<|z-1|<1$ 内的情形:

$$\begin{aligned}
f(z)=\frac{1}{z(1-z)}&=\frac{1}{1-z}\cdot\frac{1}{1-(1-z)}\\
&=\frac{1}{1-z}[1+(1-z)+(1-z)^2+\cdots+(1-z)^n+\cdots]\\
&=(1-z)^{-1}+1+(1-z)+(1-z)^2+\cdots+(1-z)^{n-1}+\cdots.
\end{aligned}$$

这时函数 $f(z)$ 是可以展开为级数的，只不过这个级数含有负幂的项，据此推想，在圆环 $R_1 < |z - z_0| < R_2$ 内处处解析的函数 $f(z)$ 可以展开成式(4.4.1)的级数. 这个推想是正确的，也就是下面的定理.

**定理 4.4.1（洛朗展开定理）**　设 $f(z)$ 在圆环 $R_1 < |z - z_0| < R_2$ 内处处解析，则 $f(z)$ 在该圆环内可展开为

$$f(z) = \sum_{n=-\infty}^{\infty} c_n (z - z_0)^n, \tag{4.4.2}$$

其中 $c_n = \dfrac{1}{2\pi i} \oint_C \dfrac{f(\xi)}{(\xi - z_0)^{n+1}} \mathrm{d}\xi$（$n = 0, \pm1, \pm2, \cdots$），这里 $C$ 为在圆环内绕 $z_0$ 的任何一条正向简单闭曲线.

**证**　设 $z$ 为圆环 $R_1 < |z - z_0| < R_2$ 内的任一点，在圆环内作以 $z_0$ 为圆心的正向圆周 $K_1$：$|\xi - z_0| < r$ 和 $K_2$：$|\xi - z_0| < R$（$K_1 < K_2$），且使 $z$ 在 $K_1$ 与 $K_2$ 之间（图 4.4.1）.

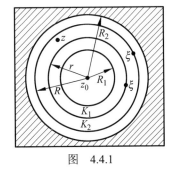

图　4.4.1

由柯西积分公式和复合闭路定理，有

$$f(z) = \frac{1}{2\pi i} \oint_{K_2} \frac{f(\xi)}{\xi - z} \mathrm{d}\xi - \frac{1}{2\pi i} \oint_{K_1} \frac{f(\xi)}{\xi - z} \mathrm{d}\xi .$$

对于上式右端的第一个积分，由于 $\xi$ 在 $K_2$ 上，而点 $z$ 在 $K_2$ 内，所以 $\left| \dfrac{z - z_0}{\xi - z_0} \right| < 1$. 与泰勒定理的证明类似，可得

$$\frac{1}{2\pi i} \oint_{K_2} \frac{f(\xi)}{\xi - z} \mathrm{d}\xi = \sum_{n=0}^{\infty} c_n (z - z_0)^n, \tag{4.4.3}$$

其中

$$c_n = \frac{1}{2\pi i} \oint_{K_2} \frac{f(\xi)}{(\xi - z_0)^{n+1}} \mathrm{d}\xi \quad (n = 0, 1, 2, \cdots).$$

应该强调的是不能将 $c_n$ 写成 $\dfrac{f^{(n)}(z_0)}{n!}$，因为 $f(z)$ 在 $K_2$ 内部不一定处处解析. 再考虑第二个积分 $-\dfrac{1}{2\pi i} \oint_{K_1} \dfrac{f(\xi)}{\xi - z} \mathrm{d}\xi$，由于 $\xi$ 在 $K_1$ 上，点 $z$ 在 $K_1$ 外部，故 $\left| \dfrac{\xi - z_0}{z - z_0} \right| < 1$，进而有

$$\frac{1}{\xi-z}=\frac{1}{\xi-z_0-(z-z_0)}=-\frac{1}{z-z_0}\frac{1}{1-\dfrac{\xi-z_0}{z-z_0}}$$

$$=-\frac{1}{z-z_0}\sum_{n=0}^{\infty}\left(\frac{\xi-z_0}{z-z_0}\right)^n=-\sum_{n=1}^{\infty}\frac{1}{(\xi-z_0)^{-n+1}}(z-z_0)^{-n}.$$

将上式代入第二个积分，并写成下述形式：

$$-\frac{1}{2\pi i}\oint_{K_1}\frac{f(\xi)}{\xi-z}\mathrm{d}\xi=\sum_{n=1}^{N-1}\left[\frac{1}{2\pi i}\oint_{K_1}\frac{f(\xi)}{(\xi-z_0)^{-n+1}}\mathrm{d}\xi\right](z-z_0)^{-n}+R_N(z),$$

其中

$$R_N(z)=\frac{1}{2\pi i}\oint_{K_1}\left[\sum_{n=N}^{\infty}f(\xi)\frac{(\xi-z_0)^{n-1}}{(z-z_0)^n}\right]\mathrm{d}\xi.$$

下证 $\lim\limits_{n\to\infty}R_N(z)=0$ 在 $K_1$ 的外部成立.

$f(z)$ 在 $K_1$ 上连续，因此存在一个正常数 $M$，在 $K_1$ 上 $|f(\xi)|\leqslant M$，由于 $\xi$ 在 $K_1$ 上，点 $z$ 在 $K_1$ 外部，所以 $\left|\dfrac{\xi-z_0}{z-z_0}\right|=\dfrac{r}{|z-z_0|}=q<1$，于是有

$$|R_N(z)|\leqslant\frac{1}{2\pi}\oint_{K_1}\left|\sum_{n=N}^{\infty}\frac{f(\xi)}{(\xi-z_0)^{n+1}}(z-z_0)^n\right|\mathrm{d}s$$

$$\leqslant\frac{1}{2\pi}\oint_{K_1}\sum_{n=N}^{\infty}\frac{|f(\xi)|}{|\xi-z_0|}\left|\frac{z-z_0}{\xi-z_0}\right|^n\mathrm{d}s$$

$$\leqslant\frac{1}{2\pi}\sum_{n=N}^{\infty}\frac{M}{r}q^n 2\pi r=\frac{Mq^N}{1-q}.$$

又因为 $\lim\limits_{N\to\infty}q^N=0$，所以 $\lim\limits_{n\to\infty}R_N(z)=0$ 在 $K_1$ 外部成立，进而有

$$-\frac{1}{2\pi i}\oint_{K_1}\frac{f(\xi)}{\xi-z}\mathrm{d}\xi=\sum_{n=1}^{\infty}c_{-n}(z-z_0)^{-n}, \tag{4.4.4}$$

其中

$$c_{-n}=\frac{1}{2\pi i}\oint_{K_1}\frac{f(\xi)}{(\xi-z_0)^{-n+1}}\mathrm{d}\xi \quad (n=0,1,2,\cdots),$$

综合有

$$f(z)=\sum_{n=0}^{\infty}c_n(z-z_0)^n+\sum_{n=1}^{\infty}c_{-n}(z-z_0)^{-n}=\sum_{n=-\infty}^{\infty}c_n(z-z_0)^n.$$

如果在圆环内取绕 $z_0$ 的任何一条正向简单闭曲线 $C$，根据闭路变形原理，式(4.4.3)与式(4.4.4)的系数表达式可用同一个式子表示，即

$$c_n = \frac{1}{2\pi i} \oint_C \frac{f(\xi)}{(\xi-z_0)^{n+1}} d\xi \quad (n=0,\pm 1,\pm 2,\cdots).$$

另外，一个在某圆环内解析的函数展开的正、负级数是唯一的，下证唯一性. 如果 $f(z)$ 在圆环域 $R_1<|z-z_0|<R_2$ 内可以展开为另一洛朗级数

$$f(z) = \sum_{n=-\infty}^{\infty} a_n (z-z_0)^n.$$

在 $R_1<|z-z_0|<R_2$ 内任取一条围绕 $z_0$ 的正向简单闭曲线 $C$，$\xi$ 为 $C$ 上任一点，则在 $C$ 上，

$$f(\xi) = \sum_{n=-\infty}^{\infty} a_n (\xi-z_0)^n,$$

两边同乘以 $(\xi-z_0)^{-p-1}$，并沿 $C$ 逐项积分得

$$\oint_C \frac{f(\xi)}{(\xi-z_0)^{p+1}} d\xi = \sum_{n=-\infty}^{\infty} a_n \oint_C \frac{f(\xi)}{(\xi-z_0)^{p+1-n}} d\xi = 2\pi i a_p,$$

故

$$a_p = \frac{1}{2\pi i} \oint_C \frac{f(\xi)}{(\xi-z_0)^{p+1}} d\xi = c_p \quad (n=0,\pm 1,\pm 2,\cdots),$$

因此洛朗级数是唯一的. 这里的唯一性是指在给定的圆环内，$f(z)$ 的洛朗展开式是唯一的. 如果 $z_0$ 是 $f(z)$ 的奇点，$f(z)$ 在 $R_1<|z-z_0|<R_2$ 内的洛朗级数一定是关于 $z-z_0$ 的级数.

在实际问题中，一般不用公式 $c_n = \frac{1}{2\pi i} \oint_C \frac{f(\xi)}{(\xi-z_0)^{n+1}} d\xi$ 直接去求洛朗展开式的系数，而是根据唯一性，通过代数运算、代换、求导、积分等手段，用间接的方法将 $f(z)$ 在给定的圆环内展开为洛朗级数.

**例 4.4.2**  将函数 $f(z) = \dfrac{1}{(z+2)(z-3)}$，分别在圆环

（1）$0<|z|<2$；  （2）$2<|z|<3$；  （3）$3<|z|<+\infty$

内展开成洛朗级数.

**解**  $f(z)$ 有两个奇点 $z=-2$ 和 $z=3$，在三个圆环内解析，且有

$$f(z) = \frac{1}{5}\left(\frac{1}{z-3} - \frac{1}{z+2}\right).$$

（1）在圆环 $0<|z|<2$ 内，$|z|<2$，且 $\left|\dfrac{z}{3}\right|<1$ 和 $\left|\dfrac{z}{2}\right|<1$，而

$$\frac{1}{z-3}=-\frac{1}{3}\cdot\frac{1}{1-\dfrac{z}{3}}=-\frac{1}{3}\left(1+\frac{z}{3}+\frac{z^2}{3^2}+\cdots+\frac{z^n}{3^n}+\cdots\right),$$

$$\frac{1}{z+2}=\frac{1}{2}\frac{1}{1+\dfrac{z}{2}}=\frac{1}{2}\left(1-\frac{z}{2}+\frac{z^2}{2^2}-\cdots+(-1)^n\frac{z^n}{2^n}+\cdots\right),$$

所以有

$$f(z)=-\frac{1}{15}\left(1+\frac{z}{3}+\frac{z^2}{3^2}+\cdots+\frac{z^n}{3^n}+\cdots\right)-\frac{1}{10}\left(1-\frac{z}{2}+\frac{z^2}{2^2}-\cdots+(-1)^n\frac{z^n}{2^n}+\cdots\right)$$

$$=\frac{1}{5}\sum_{n=0}^{\infty}\left[(-1)^{n+1}\frac{1}{2^{n+1}}-\frac{1}{3^{n+1}}\right]z^n;$$

（2）在圆环 $2<|z|<3$ 内，$\left|\dfrac{z}{3}\right|<1$ 及 $\left|\dfrac{2}{z}\right|<1$ 成立，于是

$$\frac{1}{z+2}=\frac{1}{z}\frac{1}{1+\dfrac{2}{z}}=\frac{1}{z}\left(1-\frac{2}{z}+\frac{2^2}{z^2}-\cdots+(-1)^n\frac{2^n}{z^n}+\cdots\right),$$

$$\frac{1}{z-3}=-\frac{1}{3}\cdot\frac{1}{1-\dfrac{z}{3}}=-\frac{1}{3}\left(1+\frac{z}{3}+\frac{z^2}{3^2}+\cdots+\frac{z^n}{3^n}+\cdots\right),$$

所以有

$$f(z)=-\frac{1}{15}\left(1+\frac{z}{3}+\frac{z^2}{3^2}+\cdots+\frac{z^n}{3^n}+\cdots\right)-\frac{1}{5z}\left(1-\frac{2}{z}+\frac{2^2}{z^2}-\cdots+(-1)^n\frac{2^n}{z^n}+\cdots\right)$$

$$=\frac{1}{5}\sum_{n=0}^{\infty}\left[(-1)^{n+1}\frac{2^n}{z^{n+1}}-\frac{z^n}{3^{n+1}}\right];$$

（3）在圆环 $3<|z|<+\infty$ 内，$\left|\dfrac{2}{z}\right|<1$ 及 $\left|\dfrac{3}{z}\right|<1$ 成立，于是

$$\frac{1}{z+2}=\frac{1}{z}\frac{1}{1+\dfrac{2}{z}}=\frac{1}{z}\left(1-\frac{2}{z}+\frac{2^2}{z^2}-\cdots+(-1)^n\frac{2^n}{z^n}+\cdots\right),$$

$$\frac{1}{z-3}=\frac{1}{z}\cdot\frac{1}{1-\dfrac{3}{z}}=\frac{1}{z}\left(1+\frac{3}{z}+\frac{3^2}{z^2}+\cdots+\frac{3^n}{z^n}+\cdots\right),$$

所以

$$f(z) = \frac{1}{5z}\left(1 + \frac{3}{z} + \frac{3^2}{z^2} + \cdots + \frac{3^n}{z^n} + \cdots\right) - \frac{1}{5z}\left(1 - \frac{2}{z} + \frac{2^2}{z^2} - \cdots + (-1)^n \frac{2^n}{z^n} + \cdots\right)$$

$$= \frac{1}{5}\sum_{n=0}^{\infty}\left[(-1)^{n+1}\frac{2^n}{z^{n+1}} + \frac{3^n}{z^{n+1}}\right].$$

**例 4.4.3** 将函数 $f(z) = z^4 \mathrm{e}^{\frac{1}{z}}$ 在圆环 $0 < |z| < +\infty$ 内展开成洛朗级数.

**解** 函数 $f(z) = z^4 \mathrm{e}^{\frac{1}{z}}$ 在圆环 $0 < |z| < +\infty$ 内处处解析，由于

$$\mathrm{e}^z = 1 + z + \frac{z^2}{2!} + \frac{z^3}{3!} + \cdots + \frac{z^n}{n!} + \cdots = \sum_{n=0}^{\infty}\frac{z^n}{n!},$$

而 $\frac{1}{z}$ 在 $0 < |z| < +\infty$ 内解析，把上式中的 $z$ 代换成 $\frac{1}{z}$，两边同时乘以 $z^4$，即得所求的洛朗展式：

$$z^4\mathrm{e}^{\frac{1}{z}} = z^4\left(1 + \frac{1}{z} + \frac{1}{2!z^2} + \frac{1}{3!z^3} + \cdots + \frac{1}{n!z^n} + \cdots\right)$$

$$= z^4 + z^3 + \frac{1}{2!}z^2 + \frac{1}{3!}z + \frac{1}{4!} + \frac{1}{5!z} + \cdots + \frac{1}{n!z^{n-4}} + \cdots.$$

**例 4.4.4** 将函数 $f(z) = \cos\frac{z}{z-1}$ 在圆 $0 < |z-1| < +\infty$ 内展开成洛朗级数.

**解** $f(z) = \cos\frac{z}{z-1}$ 有奇点 $z = 1$，在 $0 < |z-1| < +\infty$ 内解析，

$$\cos\frac{z}{z-1} = \cos\left(1 + \frac{1}{z-1}\right) = \cos 1 \sin\frac{1}{z-1} - \sin 1 \cos\frac{1}{z-1}.$$

所以

$$f(z) = \cos 1\left[1 - \frac{1}{2!(z-1)} + \cdots + (-1)^n\frac{1}{(2n)!(z-1)^{2n}} + \cdots\right]$$

$$- \sin 1\left[\frac{1}{z-1} - \frac{1}{3!(z-1)^3} + \cdots + (-1)^n\frac{1}{(2n+1)!(z-1)^{2n+1}} + \cdots\right].$$

公式(4.4.2)可以用来计算沿封闭路线的积分，令 $n = -1$，得

$$c_{-1} = \frac{1}{2\pi i}\oint_C f(z)\mathrm{d}z \quad \text{或} \quad \oint_C f(z)\mathrm{d}z = 2\pi i c_{-1}, \tag{4.4.5}$$

其中 $C$ 为圆环 $R_1 < |z - z_0| < R_2$ 内的任一条简单闭曲线，$f(z)$ 在此圆环内解析.

**例 4.4.5** 求下列积分的值.

（1）$\oint\limits_{|z|=3}\dfrac{1}{z(z-1)(z-4)}\mathrm{d}z$ ；　　　　（2）$\oint\limits_{|z|=2}\dfrac{\mathrm{e}^{\frac{1}{z}}}{1-z}\mathrm{d}z$ .

**解**　（1）函数 $f(z)=\dfrac{1}{z(z-1)(z-4)}$ ，在圆 $1<|z|<4$ 内处处解析，且 $|z|=3$ 在此圆内，所以 $f(z)$ 在此圆环内洛朗展式的系数 $c_{-1}$ 乘以 $2\pi\mathrm{i}$ 即为所求的积分值.

$$
\begin{aligned}
f(z)&=\frac{1}{4}\cdot\frac{1}{z}-\frac{1}{3}\cdot\frac{1}{z-1}+\frac{1}{12}\cdot\frac{1}{z-4}\\
&=\frac{1}{4}\cdot\frac{1}{z}-\frac{1}{3z}\cdot\frac{1}{1-\dfrac{1}{z}}-\frac{1}{48}\cdot\frac{1}{1-\dfrac{z}{4}}\\
&=\frac{1}{4}\cdot\frac{1}{z}-\frac{1}{3z}\cdot\left(1+\frac{1}{z}+\frac{1}{z^2}+\cdots\right)-\frac{1}{48}\cdot\left(1+\frac{z}{4}+\frac{z^2}{4^2}+\cdots\right),
\end{aligned}
$$

可以得到 $c_{-1}=\dfrac{1}{4}-\dfrac{1}{3}=-\dfrac{1}{12}$ ，进而有

$$
\oint\limits_{|z|=3}\frac{1}{z(z-1)(z-4)}\mathrm{d}z=2\pi\mathrm{i}\cdot\left(-\frac{1}{12}\right)=-\frac{1}{6}\pi\mathrm{i}\ .
$$

（2）函数 $f(z)=\dfrac{\mathrm{e}^{\frac{1}{z}}}{1-z}$ 在 $1<|z|<+\infty$ 内解析，$|z|=2$ 在此圆域内，把函数 $f(z)$ 在 $1<|z|<+\infty$ 内展开得

$$
\begin{aligned}
f(z)&=-\frac{1}{z}\frac{\mathrm{e}^{\frac{1}{z}}}{1-\dfrac{1}{z}}=-\frac{1}{z}\left(1+\frac{1}{z}+\frac{1}{z^2}+\cdots\right)\left(1+\frac{1}{z}+\frac{1}{2!z^2}+\cdots\right)\\
&=-\frac{1}{z}\left(1+\frac{2}{z}+\frac{5}{2z^2}+\cdots\right),
\end{aligned}
$$

故 $c_{-1}=-1$ ，进而 $\oint\limits_{|z|=2}\dfrac{\mathrm{e}^{\frac{1}{z}}}{1-z}\mathrm{d}z=2\pi\mathrm{i}\cdot(-1)=-2\pi\mathrm{i}$ .

# 习题 4

**4.1**　下列复数列 $\{z_n\}$ 是否收敛？如果收敛，求其极限.

（1）$z_n=\dfrac{2+n\mathrm{i}}{2-n\mathrm{i}}$ ；　　　　（2）$z_n=\left(1+\dfrac{\mathrm{i}}{3}\right)^{-n}$ ；　　（3）$z_n=(-1)^n+\dfrac{\mathrm{i}}{n}$ ；

（4）$z_n = \mathrm{e}^{-\frac{n\pi\mathrm{i}}{2}}$ ；　　　　　（5）$z_n = \dfrac{1}{n}\mathrm{e}^{-\frac{n\pi\mathrm{i}}{2}}$ ；　　　　（6）$z_n = (\mathrm{i})^n + \dfrac{1}{n}$ .

**4.2** 证明：

$$\lim_{n\to\infty} z^n = \begin{cases} 0, & |z| < 1, \\ \infty, & |z| > 1, \\ 1, & z = 1, \\ \text{不存在,} & |z| = 1, z \neq 1. \end{cases}$$

**4.3** 判断下列级数是否收敛，若收敛，是否为绝对收敛.

（1）$\displaystyle\sum_{n=1}^{\infty} \dfrac{\mathrm{i}^n}{n+1}$ ；　　　　（2）$\displaystyle\sum_{n=2}^{\infty} \dfrac{\mathrm{i}^n}{\ln n}$ ；　　　　（3）$\displaystyle\sum_{n=1}^{\infty} \dfrac{(4+3\mathrm{i})^n}{7^n}$ ；

（4）$\displaystyle\sum_{n=1}^{\infty} \dfrac{\cos\mathrm{i}n}{3^n}$ ；　　　　（5）$\displaystyle\sum_{n=1}^{\infty} \dfrac{\mathrm{i}^n}{n!}$ ；　　　　（6）$\displaystyle\sum_{n=2}^{\infty} \dfrac{(2\mathrm{i})^n}{\ln n}$ .

**4.4** 幂级数 $\displaystyle\sum_{n=0}^{\infty} c_n(z-3)^n$ 能否在 $z=1$ 收敛而在 $z=4$ 发散？

**4.5** 求下列幂级数的收敛半径.

（1）$\displaystyle\sum_{n=1}^{\infty} \dfrac{z^n}{n^3}$ ；　　　　（2）$\displaystyle\sum_{n=1}^{\infty} \dfrac{(n!)^2}{n^n}z^n$ ；　　　（3）$\displaystyle\sum_{n=1}^{\infty} (1+2\mathrm{i})^n z^n$ ；

（4）$\displaystyle\sum_{n=1}^{\infty} \mathrm{e}^{\mathrm{i}\frac{\pi}{n}} z^n$ ；　　　（5）$\displaystyle\sum_{n=1}^{\infty} \left(\dfrac{z}{\ln\mathrm{i}n}\right)^n$ ；　　　（6）$\displaystyle\sum_{n=1}^{\infty} \dfrac{n}{n+1}(z-\mathrm{i})^n$ .

**4.6** 证明：如果 $\displaystyle\lim_{n\to\infty} \dfrac{a_{n+1}}{a_n} = l \neq \infty$ ，下列三个幂级数有相同的收敛半径.

（1）$\displaystyle\sum_{n=1}^{\infty} c_n z^n$ ；　　　　（2）$\displaystyle\sum_{n=1}^{\infty} \dfrac{c_n}{n+1} z^n$ ；　　　（3）$\displaystyle\sum_{n=1}^{\infty} n c_n z^{n-1}$ .

**4.7** 将下列函数展开成 $z$ 的幂级数，并指出它们的收敛半径.

（1）$\dfrac{1}{1+z^2}$ ；　　　　（2）$\dfrac{1}{(1+z^2)^2}$ ；　　　（3）$\cos z^2$ ；

（4）$\sinh z$ ；　　　（5）$\arctan z$ ；　　　（6）$\mathrm{e}^{\frac{z}{z-1}}$ .

**4.8** 求出下列各函数在指定点 $z_0$ 处的泰勒展开式，并指出它们的收敛半径.

（1）$\dfrac{z-1}{z+1}$ ，　$z_0 = 1$ ；　　　　　　　（2）$\dfrac{z}{(z+1)(z+2)}$ ，　$z_0 = 2$ ；

（3）$\dfrac{1}{z^2}$ ，　$z_0 = -1$ ；　　　　　　　（4）$\dfrac{1}{4-3z}$ ，　$z_0 = 1+\mathrm{i}$ ；

（5）$\sin z$ ，　$z_0 = 1$ ；　　　　　　　　　（6）$\tan z$ ，　$z_0 = \dfrac{\pi}{4}$ .

**4.9** 设级数 $\sum\limits_{n=0}^{\infty} c_n$ 收敛，而 $\sum\limits_{n=0}^{\infty} |c_n|$ 发散，证明 $\sum\limits_{n=0}^{\infty} c_n z^n$ 的收敛半径为 1.

**4.10** 将下列函数在指定的圆环内展开成洛朗级数：

（1）$\dfrac{1}{1+z}$ $(0 < |z-1| < 2, 3 < |z-2| < +\infty)$；

（2）$\dfrac{1}{z(1-z)^2}$ $(0 < |z| < 1, 0 < |z-1| < 1)$；

（3）$\dfrac{1}{(1+z)^2}$ $(0 < |z-i| < \sqrt{2}, \sqrt{2} < |z-i| < +\infty)$；

（4）$z^2 e^{\frac{1}{z}}$ $(0 < |z| < +\infty)$；

（5）$z^2 \sin\dfrac{1}{2-z}$ $(0 < |z-2| < +\infty)$；

（6）$e^{\frac{1}{1-z}}$ $(1 < |z| < +\infty)$.

**4.11** 如果 $k$ 为满足关系式 $k^2 < 1$ 的实数，证明：

$$\sum_{k=0}^{\infty} k^n \sin(n+1)\theta = \frac{\sin\theta}{1 - 2k\cos\theta + k^2}$$

和

$$\sum_{k=0}^{\infty} k^n \cos(n+1)\theta = \frac{\cos\theta - k}{1 - 2k\cos\theta + k^2}.$$

$\Big[$ 提示：对 $|z| > k$ 展开 $\dfrac{1}{z-k}$ 成洛朗级数，并在展开式的结果中令 $z = e^{i\theta}$，再令

两边实部与实部相等，虚部与虚部相等. $\Big]$

**4.12** 如果 $C$ 为圆 $|z| = 3$ 的正向圆周，求积分 $\oint_C f(z)\mathrm{d}z$ 的值，设 $f(z)$ 为：

（1）$\dfrac{1}{z(z+2)}$；　（2）$\dfrac{z+2}{z(z+1)}$；　（3）$\dfrac{1}{z(z+1)^2}$；　（4）$\dfrac{z}{(z+1)(z+2)}$.

# 第5章 留 数

级数理论中泰勒级数与洛朗级数是研究解析函数的有力工具，它们为引入留数的概念和计算打下了坚实的基础. 本章首先对解析函数的孤立奇点进行分类，再讨论各类孤立奇点的判别方法. 然后引入留数的概念，介绍留数计算方法并建立留数定理. 利用留数定理把沿闭曲线上的积分化为曲线内孤立奇点处留数的计算，应用留数定理还可以求解高等数学中较为复杂的某些定积分和广义积分. 留数定理无论在理论分析和证明问题中还是在应用方面都具有重要的使用价值.

## 5.1 孤立奇点

### 5.1.1 孤立奇点的类型

**定义 5.1.1** 设函数 $f(z)$ 在 $z_0$ 处不解析，但在 $z_0$ 的某个去心邻域 $0 < |z - z_0| < \delta$ 内解析，则称 $z_0$ 为函数 $f(z)$ 的孤立奇点.

例如，函数 $\dfrac{1}{z^2}$，$\mathrm{e}^{\frac{1}{z}}$，$\sin \dfrac{1}{z}$ 都以 $z = 0$ 为孤立奇点. 但应指出，函数的奇点都是孤立的这种想法是错误的. 例如函数 $f(z) = \dfrac{1}{\sin \dfrac{1}{z}}$，$z = 0$ 是它的一个奇点，在它的周围，$z = \dfrac{1}{k\pi}(k \in Z, k \neq 0)$ 处都是它的奇点，易见 $z = 0$ 不是它的孤立奇点，因为在 $z = 0$ 的不论多么小的去心邻域内，当 $k$ 充分大时，总存在形如 $z = \dfrac{1}{k\pi}$ 的奇点在该邻域内. 由此可以看出函数不解析的奇点可分为孤立奇点和非孤立奇点.

在第 4 章中，我们知道 $f(z)$ 在它的孤立奇点 $z_0$ 的去心邻域内可以展开为洛朗级数.

$$f(z) = \sum_{n=-\infty}^{+\infty} c_n (z - z_0)^n \tag{5.1.1}$$

根据展开式形式的不同情形对孤立奇点作如下分类.

**1. 可去奇点**

**定义 5.1.2** 若函数 $f(z)$ 在它的孤立奇点 $z_0$ 的去心邻域内洛朗展式(5.1.1)

中不含负次幂，即对所有的 $n<0$，有 $c_n=0$，则称 $z_0$ 是 $f(z)$ 的可去奇点.

这时 $f(z)$ 在它的孤立奇点 $z_0$ 的去心邻域内洛朗展式实际上就是幂级数：

$$c_0+c_1(z-z_0)+c_2(z-z_0)+\cdots+c_n(z-z_0)^n+\cdots,$$

此幂级数的和函数 $F(z)$ 是在 $z_0$ 处解析的函数，且当 $z\neq z_0$ 时，$F(z)=f(z)$；当 $z=z_0$ 时，$F(z)=c_0$，但是，由于

$$\lim_{z\to z_0}f(z)=\lim_{z\to z_0}F(z)=F(z_0)=c_0,$$

所以无论 $f(z)$ 原来是否有定义，只要令 $f(z)=c_0$，那么在圆 $|z-z_0|<\delta$ 内就有

$$f(z)=c_0+c_1(z-z_0)+c_2(z-z_0)+\cdots+c_n(z-z_0)^n+\cdots,$$

从而函数 $f(z)$ 在 $z_0$ 就成为解析的了，基于此，故称 $z_0$ 为 $f(z)$ 的可去奇点. 例如函数 $f(z)=\dfrac{\mathrm{e}^z-1}{z}$ 在孤立奇点 $z=0$ 的去心邻域内的洛朗展式

$$1+\frac{1}{2!}z+\frac{1}{3!}z^2+\cdots+\frac{1}{n!}z^{n-1}+\cdots$$

中不含负次幂，所以 $z=0$ 是函数 $f(z)=\dfrac{\mathrm{e}^z-1}{z}$ 的可去奇点.

下面给出判断可去奇点的另一个方法.

**定理 5.1.1** 设函数 $f(z)$ 在 $0<|z-z_0|<\delta$ $(\delta>0)$ 内解析，则 $z_0$ 是 $f(z)$ 的可去奇点的充要条件是：存在极限 $\lim\limits_{z\to z_0}f(z)=c_0$，其中 $c_0$ 是一复常数.

**证** 条件的必要性在上面的讨论中已经证明了. 现在来证明它的充分性.

由于当 $z\to z_0$ 时，$f(z)$ 有极限，故存在 $r(0<r\leq\delta)$ 及 $M>0$ 使当 $0<|z-z_0|<r$ 时，有 $|f(z)|\leqslant M$.

设在 $0<|z-z_0|<\delta$ 内 $f(z)$ 的洛朗展式为式(5.1.1)，其系数 $c_n$ 的计算式中的积分路径 $C$ 取为正向圆周 $|z-z_0|=\rho$，$\rho$ 满足 $0<\rho<r$，即

$$c_n=\frac{1}{2\pi\mathrm{i}}\oint_{|z-z_0|=\rho}\frac{f(\xi)}{(\xi-z_0)^{n+1}}\mathrm{d}\xi \quad(n=0,\pm1,\pm2,\cdots),$$

则有

$$|c_n|\leqslant\frac{1}{2\pi}\frac{M2\pi\rho}{\rho^{n+1}}=\frac{M}{\rho^n} \quad(n=0,\pm1,\pm2,\cdots),$$

当 $n<0$ 时，令 $\rho\to0$，得到 $c_n=0$ $(n=-1,-2,\cdots)$，于是 $z_0$ 是 $f(z)$ 的可去奇点.

**推论 5.1.1** 在定理 5.1.1 的假设下，$z_0$ 是 $f(z)$ 的可去奇点的充要条件是：存在正数 $r\leqslant\delta$，使得 $f(z)$ 在 $0<|z-z_0|<r$ 内有界.

**2. 极点**

**定义 5.1.3**　若函数 $f(z)$ 在它的孤立奇点 $z_0$ 的去心邻域内洛朗展式(5.1.1)中只含有限多个负次幂，即对正整数 $m$，有 $c_{-m} \neq 0$，而当 $n < -m$ 时，有 $c_n = 0$，即

$$f(z) = c_{-m}(z - z_0)^{-m} + \cdots + c_{-1}(z - z_0)^{-1} + c_0 + c_1(z - z_0) + c_2(z - z_0)^2 + \cdots,$$

则称 $z_0$ 是 $f(z)$ 的 $m$ 级极点.

上式也可以写成

$$f(z) = \frac{1}{(z - z_0)^m} g(z), \tag{5.1.2}$$

其中

$$g(z) = c_{-m} + c_{-m+1}(z - z_0) + \cdots + c_0(z - z_0)^m + \cdots$$

在 $|z - z_0| < \delta$ 内是解析函数，且 $g(z_0) \neq 0$. 反之，如果函数 $f(z)$ 在 $0 < |z - z_0| < \delta$ 内可以表成式(5.1.2)的形式，则 $z_0$ 是 $f(z)$ 的 $m$ 级极点.

由上面的讨论，我们有下面的定理.

**定理 5.1.2**　设函数 $f(z)$ 在孤立奇点的 $z_0$ 去心邻域内 $0 < |z - z_0| < \delta \ (\delta > 0)$ 内解析，则 $z_0$ 是 $f(z)$ 的 $m$ 级极点的充要条件是：$f(z)$ 在 $0 < |z - z_0| < \delta$ 内可以表成式(5.1.2)的形式，其中 $g(z)$ 在 $|z - z_0| < \delta$ 内是解析函数，且 $g(z_0) \neq 0$，式中 $m$ 为正整数.

由式(5.1.2)，我们有下述推论：

**推论 5.1.2**　在定理 5.1.2 的假设下，$z_0$ 是 $f(z)$ 的极点的充要条件是：

$$\lim_{z \to z_0} f(z) = \infty.$$

**例 5.1.1**　研究函数 $f(z) = \dfrac{1}{z(z-2)^2}$ 的孤立奇点的类型.

**解**　易见 $z = 0$ 和 $z = 2$ 是函数 $f(z)$ 的两个孤立奇点，并且在 $z = 0$ 和 $z = 2$ 附近 $f(z)$ 可以表示成

$$f(z) = \frac{1}{z} g(z), \ g(z) = \frac{1}{(z-2)^2} \quad \text{或} \quad f(z) = \frac{1}{(z-2)^2} h(z), \ h(z) = \frac{1}{z}.$$

在 $z = 0$ 的邻域内 $g(z) = \dfrac{1}{(z-2)^2}$ 是解析函数，且 $g(0) \neq 0$，因此 $z = 0$ 是 $f(z)$ 的一级极点；在 $z = 2$ 的邻域内 $h(z) = \dfrac{1}{z}$ 是解析函数，且 $h(2) \neq 0$，因此 $z = 2$ 是 $f(z)$ 的二级极点.

由式(5.1.2)，容易建立解析函数的极点与零点的联系.下面我们来讨论它们的联系.

**定义 5.1.4** 若不恒等于零的解析函数 $f(z)$ 在 $z_0$ 的邻域内可以表示成

$$f(z) = (z - z_0)^m \varphi(z),\qquad(5.1.3)$$

其中 $\varphi(z)$ 在 $z_0$ 解析，且 $\varphi(z_0) \neq 0$，$m$ 为正整数．则称 $z_0$ 为 $f(z)$ 的 $m$ 级零点.

由于式(5.1.3)中的 $\varphi(z)$ 在 $z_0$ 解析，且 $\varphi(z_0) \neq 0$，因而它在 $z_0$ 的邻域内不为零，这是因为 $\varphi(z)$ 在 $z_0$ 解析，必在 $z_0$ 连续，所以给定 $\varepsilon = \frac{1}{2}|\varphi(z_0)|$，必存在 $\delta$，当 $|z - z_0| < \delta$ 时，有 $|\varphi(z) - \varphi(z_0)| < \varepsilon = \frac{1}{2}|\varphi(z_0)|$，由此可得

$$|\varphi(z)| \geqslant \frac{1}{2}|\varphi(z_0)|,$$

所以 $f(z) = (z - z_0)^m \varphi(z)$ 在 $z_0$ 的去心邻域内不为零，只在 $z_0$ 处为零．也就是说，不恒为零的解析函数的零点是孤立.

例如，由定义 5.1.4，易知函数 $f(z) = (z-1)z^2$ 有一级零点 $z=1$ 和二级零点 $z=0$．根据定义 5.1.4. 可以得到下述结论：

**定理 5.1.3** 如果 $f(z)$ 在 $z_0$ 解析，那么 $z_0$ 为 $f(z)$ 的 $m$ 级零点的充要条件是

$$f^{(n)}(z_0) = 0 \quad (n = 0, 1, \cdots, m-1), \quad f^{(m)}(z_0) \neq 0.\qquad(5.1.4)$$

**证** 必要性证明过程如下．设 $z_0$ 为 $f(z)$ 的 $m$ 级零点，则 $f(z)$ 在 $z_0$ 的邻域内可以表成式(5.1.3)的形式，设 $\varphi(z)$ 的泰勒展式为

$$\varphi(z) = c_0 + c_1(z - z_0) + c_2(z - z_0)^2 + \cdots,$$

其中 $c_0 = \varphi(z_0) \neq 0$，从而 $f(z)$ 在 $z_0$ 的泰勒展式为

$$f(z) = c_0(z - z_0)^m + c_1(z - z_0)^{m+1} + \cdots.$$

由泰勒级数的系数公式知，$f^{(n)}(z_0) = 0\ (n = 0, 1, \cdots, m-1)$，$f^{(m)}(z_0) \neq 0$．必要性得证.

充分性的证明建议读者自己完成.

例如，函数 $f(z) = z^2 - 1$ 在 $z = 1$ 时，有 $f(1) = 0$，$f'(1) = 2 \neq 0$；在 $z = -1$ 时，有 $f(-1) = 0, f'(-1) = -2 \neq 0$，因此 $z = 1$ 和 $z = -1$ 都是函数 $f(z) = z^2 - 1$ 的一级零点．函数的零点与极点有下面的关系：

**定理 5.1.4** 如果 $z_0$ 为 $f(z)$ 的 $m$ 级极点，那么 $z_0$ 为 $\frac{1}{f(z)}$ 的 $m$ 级零点；反之也成立.

**证**　如果 $z_0$ 是 $f(z)$ 的 $m$ 级极点，由式(5.1.2)，有

$$f(z) = \frac{1}{(z-z_0)^m} g(z),$$

其中 $g(z)$ 在 $z_0$ 解析，且 $g(z_0) \neq 0$，所以，当 $z \neq z_0$ 时，有

$$\frac{1}{f(z)} = (z-z_0)^m \frac{1}{g(z)} = (z-z_0)^m h(z), \tag{5.1.5}$$

函数 $h(z)$ 在 $z_0$ 解析，且 $h(z_0) \neq 0$．由于

$$\lim_{z \to z_0} \frac{1}{f(z)} = 0,$$

因此，只要令 $\frac{1}{f(z_0)} = 0$，由式(5.1.5)可知 $z_0$ 为 $\frac{1}{f(z)}$ 的 $m$ 级零点．

反之，如果 $z_0$ 为 $\frac{1}{f(z)}$ 的 $m$ 级零点，则

$$\frac{1}{f(z)} = (z-z_0)^m \varphi(z),$$

这里 $\varphi(z)$ 在 $z_0$ 解析，且 $\varphi(z_0) \neq 0$，由此，当 $z \neq z_0$ 时，有

$$f(z) = \frac{1}{(z-z_0)^m} \psi(z)$$

而 $\psi(z) = \frac{1}{\varphi(z)}$ 在 $z_0$ 解析，且 $\psi(z_0) \neq 0$，所以 $z_0$ 为 $f(z)$ 的 $m$ 级极点．

**例 5.1.2**　函数 $f(z) = \frac{1}{\sin z}$ 有哪些奇点？如果是极点，指出它的级．

**解**　函数 $f(z) = \frac{1}{\sin z}$ 的奇点是使 $\sin z = 0$ 的点，这些奇点是 $z = k\pi\,(k \in Z)$，且为孤立奇点．由于

$$(\sin z)'\big|_{z=k\pi} = \cos k\pi = (-1)^k \neq 0,$$

所以 $z = k\pi\,(k \in Z)$ 是 $\sin z$ 的一级零点，也就是 $f(z) = \frac{1}{\sin z}$ 的一级极点．

**例 5.1.3**　$z = 0$ 是函数 $f(z) = \frac{e^z - 1}{z^3}$ 的几级极点？

**解**　虽然 $g(z) = e^z - 1$ 在 $z = 0$ 解析，但 $g(0) = 0$，因此不能断定 $z = 0$ 是函数 $f(z) = \frac{e^z - 1}{z^3}$ 的三级极点．用洛朗级数展开讨论，在 $0 < |z| < +\infty$ 内，有

$$f(z) = \frac{\mathrm{e}^z - 1}{z^3} = \frac{1}{z^2} + \frac{1}{2!}\frac{1}{z} + \frac{1}{3!} + \cdots + \frac{z^{n-3}}{n!} + \cdots,$$

显然 $z = 0$ 是 $f(z) = \dfrac{\mathrm{e}^z - 1}{z^3}$ 的二级极点.

**例 5.1.4** 函数 $f(z) = \dfrac{(z^2 - 1)(z - 2)^3}{(\sin \pi z)^3}$ 有什么类型的奇点？如果是极点，指出它的级数.

**解** $f(z)$ 的奇点是使 $\sin \pi z = 0$ 的点，故 $f(z)$ 的奇点是 $z = 0, \pm 1, \pm 2, \cdots$ ，且均是孤立奇点. 由于 $(\sin \pi z)' = \pi \cos \pi z$ 在 $z = 0, \pm 1, \pm 2, \cdots$ 处均不为零，因此这些点是 $\sin \pi z$ 的一级零点，从而是 $(\sin z)^3$ 的三级零点. 所以，当这些点中除去 $1, -1, 2$ 外都是 $f(z)$ 的三级极点.

因 $z = 1$ 和 $z = -1$ 是 $z^2 - 1 = (z - 1)(z + 1)$ 的一级极点，所以 $z = 1$ 和 $z = -1$ 是 $f(z)$ 的二级极点.

对于 $z = 2$ ，因为

$$\lim_{z \to 2} f(z) = \lim_{z \to 2} \frac{(z^2 - 1)(z - 2)^3}{(\sin \pi z)^3} = \frac{3}{\pi^3},$$

所以 $z = 2$ 是 $f(z)$ 的可去奇点.

**3. 本性奇点**

**定义 5.1.5** 若函数 $f(z)$ 在它的孤立奇点 $z_0$ 的去心邻域内洛朗展式(5.1.1)中含有无穷多个负次幂，即有无穷多个的 $n$，使 $c_{-n} \neq 0$，则称 $z_0$ 是 $f(z)$ 的本性奇点.

**例 5.1.5** 研究函数 $f(z) = z^2 \sin \dfrac{1}{z}$ 的孤立奇点的类型.

**解** $z = 0$ 是函数 $f(z) = z^2 \sin \dfrac{1}{z}$ 唯一的孤立奇点，将 $f(z) = z^2 \sin \dfrac{1}{z}$ 在 $0 < |z| < +\infty$ 内展开成洛朗级数

$$z^2 \sin \frac{1}{z} = z - \frac{1}{3!}\frac{1}{z} + \frac{1}{5!}\frac{1}{z^3} + \cdots + (-1)^n \frac{1}{(2n+1)!}\frac{1}{z^{2n-1}} + \cdots,$$

此展式中有无穷多个负次幂，所以 $z = 0$ 是函数 $f(z) = z^2 \sin \dfrac{1}{z}$ 的本性奇点.

## 5.1.2 函数在无穷远点的性态

前面所讨论的函数 $f(z)$ 的解析性和它的孤立奇点都是基于有限复平面进

行的. 如果在扩充复平面上，显然需考虑 $f(z)$ 在 $z=\infty$ 时的性态。因为函数 $f(z)$ 在 $z=\infty$ 总是无定义的，所以 $z=\infty$ 总是函数 $f(z)$ 的奇点.

**定义 5.1.6**　如果函数 $f(z)$ 在无穷远点 $z=\infty$ 的去心邻域 $R<|z|<+\infty$ 内解析，则称 $z=\infty$ 为函数 $f(z)$ 的孤立奇点.

为了更好地理解函数 $f(z)$ 在无穷远点的性态，我们作倒数变换 $t=\dfrac{1}{z}$，并且规定该变换把扩充复平面 $z$ 上的无穷远点 $z=\infty$ 映射成扩充复平面 $t$ 上的零点 $t=0$. 该变换把 $z$ 平面上的区域 $R<|z|<+\infty$ 映射成扩充复平面 $t$ 上的区域 $0<|t|<\dfrac{1}{R}$，且 $\mathrm{Arg}z=-\mathrm{Arg}t$，并由此可知，该变换把 $z$ 平面上的顺时针方向的圆周 $C:|z|=R$ 映射成 $t$ 平面上的逆时针方向的圆周 $C':|t|=\dfrac{1}{R}$.

记
$$\varphi(t)=f\left(\frac{1}{t}\right)=f(z),$$

显然 $\varphi(t)$ 在 $0<|t|<\dfrac{1}{R}$ 内解析，$t=0$ 是它的孤立奇点. 这样，通过对 $\varphi(t)$ 在 $t=0$ 的研究，便可得到 $f(z)$ 在无穷远点 $z=\infty$ 的性态. 于是我们给出下面定义.

**定义 5.1.7**　设 $\varphi(t)=f\left(\dfrac{1}{t}\right)$，如果 $t=0$ 是 $\varphi(t)$ 的可去奇点、$m$ 极点或本性奇点，则称 $z=\infty$ 是 $f(z)$ 的可去奇点、$m$ 极点或本性奇点.

由于 $f(z)$ 在无穷远点 $z=\infty$ 的去心邻域 $R<|z|<+\infty$ 内解析，所以，可以通过 $f(z)$ 在 $R<|z|<+\infty$ 内的洛朗展式来区分孤立奇点 $z=\infty$ 的类型. 有
$$f(z)=\sum_{n=-\infty}^{+\infty}c_nz^n \quad (R<|z|<+\infty), \tag{5.1.6}$$

其中，
$$c_n=\frac{1}{2\pi i}\oint_{|z|=\rho}\frac{f(z)}{z^{n+1}}\mathrm{d}z \quad (\rho>R; n=0,\pm1,\pm2,\cdots),$$

这里 $|z|=\rho$ 为正向圆周. 再将 $\varphi(t)=f\left(\dfrac{1}{t}\right)$ 在 $0<|t|<\dfrac{1}{R}$ 内展成洛朗形式：
$$\varphi(t)=\sum_{n=-\infty}^{+\infty}a_nt^n, \tag{5.1.7}$$

把 $t=\dfrac{1}{z}$ 代入上式，并注意到 $\varphi\left(\dfrac{1}{z}\right)=f(z)$，可以得到

$$f(z) = \sum_{n=-\infty}^{+\infty} a_n z^{-n} \quad (R < |z| < +\infty), \tag{5.1.8}$$

比较式(5.1.6)与式(5.1.8)，并由洛朗级数的唯一性，可知必有

$$a_n = c_{-n} \quad (n = 0, \pm 1, \pm 2, \cdots).$$

即 $\varphi(t)$ 在 $0 < |t| < \dfrac{1}{R}$ 中的洛朗展式的负次幂系数与 $f(z)$ 在 $R < |z| < +\infty$ 中的洛朗展式中的相应正次幂系数相等.于是有下述结论.

**定理 5.1.5** 设函数 $f(z)$ 在 $R < |z| < +\infty$ 内解析且洛朗展式为式(5.1.5)，如果在式(5.1.5)中：

（1）不含正次幂；

（2）含有有限正次幂，且 $z^m$ 为最高正次幂；

（3）含有无穷多项正次幂.

则无穷远点 $z = \infty$ 是 $f(z)$ 的：

（1）可去奇点；

（2）$m$ 级极点；

（3）本性奇点.

**例 5.1.6** 函数 $f(z) = \dfrac{z}{z^2 - 1}$ 是否以 $z = \infty$ 为孤立奇点？若是，指出类型.

**解** $f(z) = \dfrac{z}{z^2 - 1}$ 有两个有限奇点 $z = \pm 1$，故它在 $z = \infty$ 的去心邻域 $1 < |z| < +\infty$ 内解析，即 $z = \infty$ 是它的孤立奇点.令 $t = \dfrac{1}{z}$，则在 $t = 0$ 去心邻域 $0 < |t| < 1$ 内，

$$\varphi(t) = f\left(\frac{1}{t}\right) = \frac{\dfrac{1}{t}}{\dfrac{1}{t^2} - 1} = \frac{t}{1 - t^2}$$

可见 $t = 0$ 是 $\varphi(t)$ 的可去奇点，故 $z = \infty$ 是函数 $f(z)$ 的可去奇点.

**例 5.1.7** 函数 $f(z) = \dfrac{1}{z} + 1 + z + z^2 + z^3$ 是否以 $z = \infty$ 为孤立奇点？若是，指出类型.

**解** $f(z)$ 在 $0 < |z| < +\infty$ 内解析，$z = \infty$ 是它的孤立奇点.由于 $f(z)$ 已是洛朗形式，且最高正次幂为 3 次，所以，$z = \infty$ 是 $f(z)$ 的三级极点.

**例 5.1.8** 函数 $\cos z$ 是否以 $z = \infty$ 为孤立奇点？若是，指出类型.

**解**　$f(z)$ 在 $|z| < +\infty$ 内解析，$z = \infty$ 是它的孤立奇点. 在 $|z| < +\infty$ 内，$f(z)$ 的洛朗展式为

$$\cos z = 1 - \frac{1}{2!}z^2 + \cdots + (-1)^n \frac{1}{(2n)!}z^{2n} + \cdots,$$

展式中含有无穷多项正次幂，故 $z = \infty$ 是 $f(z)$ 本性奇点.

**例 5.1.9**　讨论 $z = \infty$ 是否为函数 $f(z) = \dfrac{1}{\sin \pi z}$ 的孤立奇点.

**解**　令 $t = \dfrac{1}{z}$，则有

$$\varphi(t) = f\left(\frac{1}{t}\right) = \frac{1}{\sin \pi \dfrac{1}{t}},$$

可见，$t = 0$ 和 $t = \dfrac{1}{n}$ $(n \in Z, n \neq 0)$ 都是 $\varphi(t)$ 的奇点. 当 $n \to \infty$ 时，$\dfrac{1}{n} \to 0$，所以 $t = 0$ 不是 $\varphi(t)$ 的孤立奇点，从而 $z = \infty$ 不是函数 $f(z) = \dfrac{1}{\sin \pi z}$ 的孤立奇点.

## 5.2　留数

### 5.2.1　留数的定义及留数定理

若函数 $f(z)$ 在 $z_0$ 的邻域 $|z - z_0| < \delta$ 内解析，由柯西-古萨特定理知

$$\oint_C f(z)\mathrm{d}z = 0,$$

其中 $C$ 为该邻域内任一条简单闭曲线. 但是，如果 $z_0$ 是 $f(z)$ 的一个孤立奇点，$f(z)$ 在 $z_0$ 的去心邻域 $0 < |z - z_0| < \delta$ 内解析，那么沿该去心邻域内围绕 $z_0$ 的简单闭曲线 $C$ 的积分

$$\oint_C f(z)\mathrm{d}z$$

一般不等于零. 因此将 $f(z)$ 在该邻域内展开成洛朗级数

$$f(z) = \cdots + c_{-n}(z - z_0)^{-n} + \cdots + c_{-1}(z - z_0)^{-1} + c_0 + c_1(z - z_0) + \cdots + c_n(z - z_0)^n + \cdots.$$

对此展式的两端沿曲线 $C$ 进行积分，右端各项积分中除 $c_{-1}(z - z_0)^{-1}$ 的积分值为 $2\pi c_{-1}$ 外，其余各项的积分都为零，所以

$$\oint_C f(z)\mathrm{d}z = 2\pi i c_{-1},$$

于是，我们将 $c_{-1}$ 定义为 $f(z)$ 在 $z_0$ 处的留数. 定义如下：

**定义 5.2.1**　设 $z_0$ 为函数 $f(z)$ 的一个孤立奇点，即 $f(z)$ 在 $z_0$ 的去心邻域 $0<|z-z_0|<\delta$ 内解析，则将 $f(z)$ 在 $z_0$ 处的洛朗展式中的负一次幂的系数 $c_{-1}$ 称为 $f(z)$ 在 $z_0$ 处的留数. 记为 $\mathrm{Res}\big[f(z),z_0\big]$，即

$$\mathrm{Res}\big[f(z),z_0\big]=c_{-1}, \tag{5.2.1}$$

或

$$\mathrm{Res}\big[f(z),z_0\big]=\frac{1}{2\pi\mathrm{i}}\oint_C f(z)\mathrm{d}z, \tag{5.2.2}$$

这里 $C$ 为 $0<|z-z_0|<\delta$ 内围绕 $z_0$ 的任一正向简单闭曲线.

对于留数，有下面的基本定理.

**定理 5.2.1**（留数定理）　设函数 $f(z)$ 在区域 $D$ 内除有限个孤立奇点 $z_1,z_2,\cdots,z_n$ 外处处解析，$C$ 是 $D$ 内包围诸奇点的一条正向简单闭曲线，那么

$$\oint_C f(z)\mathrm{d}z=2\pi\mathrm{i}\sum_{k=1}^{n}\mathrm{Res}\big[f(z),z_k\big]. \tag{5.2.3}$$

**证**　把在 $C$ 的孤立奇点 $z_k(k=1,2,\cdots,n)$ 用互不包含且互不相交的正向简单闭曲线 $C_k$ 围绕起来(图 5.2.1)，由复合闭路原理有

$$\oint_C f(z)\mathrm{d}z=\sum_{k=1}^{n}\oint_{C_k} f(z)\mathrm{d}z,$$

以 $2\pi\mathrm{i}$ 除等式两端，再由留数定义，得

$$\frac{1}{2\pi\mathrm{i}}\oint_C f(z)\mathrm{d}z=\sum_{k=1}^{n}\mathrm{Res}\big[f(z),z_k\big],$$

即

$$\oint_C f(z)\mathrm{d}z=2\pi\mathrm{i}\sum_{k=1}^{n}\mathrm{Res}\big[f(z),z_k\big].$$

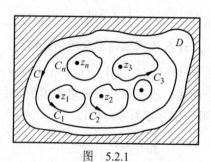

图　5.2.1

利用留数定理，求沿闭路 $C$ 上的积分，就转化为求函数在 $C$ 内的各孤立奇点的留数. 由此可见，留数定理有效使用的关键在于如何求出函数 $f(z)$ 在各个孤立奇点 $z_0$ 处的留数. 根据留数定义求 $f(z)$ 在 $z_0$ 处洛朗展式中的负一次幂的系数 $c_{-1}$ 是求留数的一般方法，但并不总是最方便的方法. 在知道奇点类型的情况下，如果 $z_0$ 是 $f(z)$ 的可去奇点，则 $\mathrm{Res}\big[f(z),z_0\big]=0$；如果 $z_0$ 是 $f(z)$ 的本性奇点，则只能通过洛朗展式求 $c_{-1}$；如果 $z_0$ 是 $f(z)$ 的极点，则有下面三个有用的留数计算准则.

### 5.2.2　函数在极点的留数计算准则

**准则 1**　如果 $z_0$ 为 $f(z)$ 的一级极点，那么

$$\mathrm{Res}\big[f(z),z_0\big]=\lim_{z\to z_0}(z-z_0)f(z). \tag{5.2.4}$$

**证**　由于 $z_0$ 为 $f(z)$ 的一级极点，于是，在 $z_0$ 的某一去心圆盘 $0<|z-z_0|<\delta$ 内有

$$f(z)=\frac{1}{z-z_0}\varphi(z),$$

其中 $\varphi(z)$ 在圆盘 $|z-z_0|<\delta$ 内解析，其泰勒展式为

$$\varphi(z)=\sum_{n=-\infty}^{+\infty}a_n(z-z_0)^n, \tag{5.2.5}$$

而且 $a_0=\varphi(z_0)\neq0$，显然，在 $f(z)$ 的洛朗展式中，$(z-z_0)^{-1}$ 的系数等于 $\varphi(z_0)$. 因此，有

$$\mathrm{Res}\big[f(z),z_0\big]=\lim_{z\to z_0}(z-z_0)f(z).$$

**准则 2**　如果 $f(z)=\dfrac{P(z)}{Q(z)}$，$P(z)$ 及 $Q(z)$ 都在 $z_0$ 解析，且 $P(z_0)\neq0$，$Q(z_0)=0$，$Q'(z_0)\neq0$，则 $z_0$ 为 $f(z)$ 的一级极点，且

$$\mathrm{Res}\big[f(z),z_0\big]=\frac{P(z_0)}{Q'(z_0)}, \tag{5.2.6}$$

**证**　因为 $Q(z_0)=0$，$Q'(z_0)\neq0$，所以 $z_0$ 为 $Q(z)$ 的一级零点，从而为 $\dfrac{1}{Q(z)}$ 的一级极点，因此

$$\frac{1}{Q(z)}=\frac{1}{z-z_0}\varphi(z),$$

其中 $\varphi(z)$ 在 $z_0$ 解析，且 $\varphi(z_0) \neq 0$ ，由此可得

$$f(z) = \frac{1}{z - z_0} g(z),$$

其中 $g(z) = \varphi(z)P(z)$ 在 $z_0$ 解析，且 $g(z_0) = \phi(z_0)P(z_0) \neq 0$ ，故 $z_0$ 为 $f(z)$ 的一级极点.

根据准则 1， $\text{Res}\left[ f(z), z_0 \right] = \lim_{z \to z_0} (z - z_0) f(z)$ ，而 $Q(z_0) = 0$ ，所以

$$(z - z_0) f(z) = \frac{P(z)}{\dfrac{Q(z) - Q(z_0)}{z - z_0}},$$

令 $z \to z_0$ ，即得结论式 (5.2.6).

**准则 3**　如果 $z_0$ 为 $f(z)$ 的 $m$ 级极点，那么

$$\text{Res}\left[ f(z), z_0 \right] = \frac{1}{(m-1)!} \lim_{z \to z_0} \frac{\mathrm{d}^{m-1}}{\mathrm{d}z^{m-1}} \left\{ (z - z_0)^m f(z) \right\}. \tag{5.2.7}$$

**证**　由于

$$f(z) = c_{-m}(z - z_0)^{-m} + \cdots + c_{-1}(z - z_0)^{-1} + c_0 + c_1(z - z_0) + \cdots,$$

以 $(z - z_0)^m$ 乘以上式两端后，再对两边求 $m-1$ 阶导数，得

$$\frac{\mathrm{d}^{m-1}}{\mathrm{d}z^{m-1}} \left\{ (z - z_0)^m f(z) \right\} = (m-1)! c_{-1} + \left\{ 含有 (z - z_0) 的正幂项 \right\},$$

令 $z \to z_0$ ，便可得结论式 (5.2.7).

**例 5.2.1**　计算 $\oint_C \dfrac{z\mathrm{e}^z}{z^2 - 1} \mathrm{d}z$ ，其中 $C$ 为正向圆周： $|z| = 3$ .

**解**　由于函数 $f(z) = \dfrac{z\mathrm{e}^z}{z^2 - 1}$ 在圆周 $|z| = 3$ 内有两个一级极点 $z = -1$ ， $z = 1$ . 所以

$$\oint_C \frac{z\mathrm{e}^z}{z^2 - 1} \mathrm{d}z = 2\pi\mathrm{i} \left\{ \text{Res}\left[ f(z), z = -1 \right] + \text{Res}\left[ f(z), z = 1 \right] \right\},$$

由准则 1，得

$$\text{Res}\left[ f(z), z = -1 \right] = \lim_{z \to -1} (z + 1) \frac{z\mathrm{e}^z}{z^2 - 1} = \frac{\mathrm{e}^{-1}}{2},$$

$$\text{Res}\left[ f(z), z = 1 \right] = \lim_{z \to 1} (z - 1) \frac{z\mathrm{e}^z}{z^2 - 1} = \frac{\mathrm{e}}{2}.$$

因此

$$\oint_C \frac{z\mathrm{e}^z}{z^2-1}\mathrm{d}z = 2\pi\mathrm{i}\left(\frac{\mathrm{e}}{2}+\frac{\mathrm{e}^{-1}}{2}\right)=2\pi\mathrm{i}\cosh 1.$$

也可以用准则 2 来计算.

$$\mathrm{Res}\big[f(z),z=-1\big]=\left.\frac{z\mathrm{e}^z}{2z}\right|_{z=-1}=\frac{\mathrm{e}^{-1}}{2},$$

和

$$\mathrm{Res}\big[f(z),z=1\big]=\left.\frac{z\mathrm{e}^z}{2z}\right|_{z=1}=\frac{\mathrm{e}}{2}.$$

读者比较两准则下的运算过程，可以发现准则 2 比准则 1 简单.

**例 5.2.2**　计算积分 $\oint_C \dfrac{z}{z^4-1}\mathrm{d}z$，其中 $C$ 为正向圆周：$|z|=3$.

**解**　被积函数 $f(z)=\dfrac{z}{z^4-1}$，在圆周 $|z|=2$ 内有四个一级极点 $z=\pm 1$，$z=\pm\mathrm{i}$.
所以

$$\oint_C \frac{z}{z^4-1}\mathrm{d}z = 2\pi\mathrm{i}\big\{\mathrm{Res}\big[f(z),z=-1\big]+\mathrm{Res}\big[f(z),z=1\big]$$
$$+\mathrm{Res}\big[f(z),z=-\mathrm{i}\big]+\mathrm{Res}\big[f(z),z=\mathrm{i}\big]\big\},$$

由准则 2，$\dfrac{P(z)}{Q'(z)}=\dfrac{z}{4z^3}=\dfrac{1}{4z^2}$，故

$$\oint_C \frac{z}{z^4-1}\mathrm{d}z = 2\pi\mathrm{i}\left(\frac{1}{4}+\frac{1}{4}-\frac{1}{4}-\frac{1}{4}\right)=0.$$

**例 5.2.3**　计算积分 $\oint_C \dfrac{\mathrm{e}^z}{z(z-1)^2}\mathrm{d}z$，其中 $C$ 为正向圆周：$|z|=2$.

**解**　被积函数 $f(z)=\dfrac{\mathrm{e}^z}{z(z-1)^2}$ 在圆周 $|z|=2$ 内有一个一级极点 $z=0$，一个二级极点 $z=1$，所以

$$\oint_C \frac{\mathrm{e}^z}{z(z-1)^2}\mathrm{d}z = 2\pi\mathrm{i}\big\{\mathrm{Res}\big[f(z),z=0\big]+\mathrm{Res}\big[f(z),z=1\big]\big\},$$

由准则 1，得

$$\mathrm{Res}\big[f(z),z=0\big]=\lim_{z\to 0}z\cdot\frac{\mathrm{e}^z}{z(z-1)^2}=1,$$

由准则 3，得

$$\text{Res}\big[f(z), z=1\big] = \frac{1}{(2-1)!}\lim_{z\to 1}\frac{\text{d}}{\text{d}z}\left[(z-1)^2\frac{\text{e}^z}{z(z-1)^2}\right] = 0$$

$$= \lim_{z\to 1}\frac{\text{d}}{\text{d}z}\left(\frac{\text{e}^z}{z}\right) = \lim_{z\to 1}\frac{\text{e}^z(z-1)}{z^2} = 0,$$

于是

$$\oint_C\frac{\text{e}^z}{z(z-1)^2}\text{d}z = 2\pi\text{i}.$$

**例 5.2.4** 计算函数 $f(z) = \dfrac{z-\sin z}{z^6}$ 在孤立奇点处的留数.

**解法 1** $f(z)$ 只有一个孤立奇点 $z=0$，在 $0<|z|<+\infty$ 内，有洛朗展式

$$f(z) = \frac{1}{z^6}\left[z-\left(z-\frac{1}{3!}z^3+\frac{1}{5!}z^5-\cdots\right)\right]$$

$$= \frac{1}{3!z^3}-\frac{1}{5!z}+\cdots,$$

故

$$\text{Res}\big[f(z), z=0\big] = c_{-1} = -\frac{1}{5!}.$$

**解法 2** 由准则 3 的证明过程可知，当 $m$ 的取值比实际极点的级数高时，结论仍成立. 为计算简便，我们取 $m=6$，运用准则 3，有

$$\text{Res}\big[f(z), z=0\big] = \frac{1}{(6-1)!}\lim_{z\to 0}\frac{\text{d}^5}{\text{d}z^5}\left[\frac{z^6(z-\sin z)}{z^6}\right] = -\frac{1}{5!}.$$

注：若取 $m=3$，则由准则 3 计算这个留数很麻烦，读者自己可以试一试.

## 5.2.3　函数在无穷远点的留数

**定义 5.2.2** 在扩充复平面 $z$ 上，设 $z=\infty$ 是函数 $f(z)$ 的孤立奇点，即 $f(z)$ 在圆环 $R<|z|<+\infty$ 内解析，$C$ 为圆环内绕原点 $z=0$ 的任一正向简单闭曲线，则积分值

$$\frac{1}{2\pi\text{i}}\oint_{C^-}f(z)\text{d}z$$

与 $C$ 无关，我们称此定值为 $f(z)$ 在 $z=\infty$ 点的留数，记作

$$\text{Res}\big[f(z), z = \infty\big] = \frac{1}{2\pi i} \oint_{C^-} f(z)\mathrm{d}z . \tag{5.2.8}$$

需要强调的是这里积分路线的方向是负的，也就是取顺时针方向. 如果 $f(z)$ 在 $R < |z| < +\infty$ 内有洛朗展式

$$f(z) = \sum_{n=-\infty}^{+\infty} c_n (z - z_0)^n,$$

由于当 $n = -1$ 时，有 $c_{-1} = \dfrac{1}{2\pi i} \oint_C f(z)\mathrm{d}z$ ，因此由式(5.2.8)得

$$\text{Res}\big[f(z), z = \infty\big] = -c_{-1}. \tag{5.2.9}$$

**定理 5.2.2**　如果 $f(z)$ 在扩充复平面 $z$ 上只有有限个孤立奇点( 包括无穷远点在内 )，设为 $z_1, z_2, \cdots, z_n, \infty$ ，则 $f(z)$ 在各奇点的留数总和为零.

**证**　设 $C$ 为围绕原点且包含所有有限孤立奇点 $z_1, z_2, \cdots, z_n$ 的正向简单闭曲线，于是由定理 5.2.1 与无穷远点留数的定义，就有

$$\text{Res}\big[f(z), z = \infty\big] + \sum_{k=1}^{n} \text{Res}\big[f(z), z_k\big]$$

$$= \frac{1}{2\pi i} \oint_{C^-} f(z)\mathrm{d}z + \frac{1}{2\pi i} \int_C f(z)\mathrm{d}z = 0.$$

关于无穷远点的留数计算，有如下的准则：

**准则 4**　　　　$\text{Res}\big[f(z), z = \infty\big] = -\text{Res}\left[ f\left(\frac{1}{z}\right) \cdot \frac{1}{z^2}, z = 0 \right]$ 　　　(5.2.10)

**证**　取正向简单闭曲线 $C$ 为半径足够大的正向圆周：$|z| = \rho$ ，使 $f(z)$ 在 $R < |z| < +\infty$ 内无有限奇点，令 $z = \dfrac{1}{\zeta}$ ，并设 $z = \rho e^{i\theta}$ ，$\zeta = r e^{i\varphi}$ ，那么 $\rho = \dfrac{1}{r}$ ，$\theta = -\varphi$ .

于是有

$$\text{Res}\big[f(z), z = \infty\big] = \frac{1}{2\pi i} \oint_{C^-} f(z)\mathrm{d}z = \frac{1}{2\pi i} \int_0^{-2\pi} f(\rho e^{i\theta}) \rho i e^{i\theta} \mathrm{d}\theta$$

$$= -\frac{1}{2\pi i} \int_0^{2\pi} f\left(\frac{1}{r e^{i\varphi}}\right) \frac{i}{r e^{i\varphi}} \mathrm{d}\varphi = -\frac{1}{2\pi i} \int_0^{2\pi} f\left(\frac{1}{r e^{i\varphi}}\right) \frac{1}{(r e^{i\varphi})^2} \mathrm{d}(r e^{i\varphi})$$

$$= -\frac{1}{2\pi i} \oint_{|\zeta| = \frac{1}{\rho}} f\left(\frac{1}{\zeta}\right) \frac{1}{\zeta^2} \mathrm{d}\zeta,$$

由于 $f(z)$ 在 $\rho<|z|<+\infty$ 内解析，从而 $f\left(\dfrac{1}{\zeta}\right)$ 在 $0<|\zeta|<\dfrac{1}{\rho}$ 内解析，因此 $f\left(\dfrac{1}{\zeta}\right)\dfrac{1}{\zeta^2}$ 在 $|\zeta|<\dfrac{1}{\rho}$ 内除 $\zeta=0$ 外没有其他奇点，由留数定理得

$$-\frac{1}{2\pi i}\oint_{|\zeta|=\frac{1}{\rho}} f\left(\frac{1}{\zeta}\right)\frac{1}{\zeta^2}\mathrm{d}\zeta=-\mathrm{Res}\left[f\left(\frac{1}{\zeta}\right)\cdot\frac{1}{\zeta^2},\zeta=0\right].$$

**例 5.2.5** 计算函数 $f(z)=\dfrac{1}{z}$ 在无穷远点的留数.

**解**
$$\mathrm{Res}\left[f(z),z=\infty\right]=-\mathrm{Res}\left[f\left(\frac{1}{z}\right)\cdot\frac{1}{z^2},z=0\right]$$
$$=-\mathrm{Res}\left[z\cdot\frac{1}{z^2},z=0\right]=-1.$$

**例 5.2.6** 计算积分 $\oint_C\dfrac{z}{z^4-1}\mathrm{d}z$，$C$ 为正向圆周：$|z|=3$.（即例 5.2.2）

**解** 函数 $f(z)=\dfrac{z}{z^4-1}$ 在 $|z|=3$ 的外部，除 $z=\infty$ 无其他奇点. 因此根据准则 4 与定理 5.2.2，有

$$\oint_C\frac{z}{z^4-1}\mathrm{d}z=-2\pi i\,\mathrm{Res}\left[\frac{z}{z^4-1},z=\infty\right]$$
$$=2\pi i\,\mathrm{Res}\left[\frac{z}{1-z^4},z=0\right]=0$$

**注**：读者将例 5.2.6 与例 5.2.2 的解法进行比较，一定发现这样计算简便了.

**例 5.2.7** 计算积分 $\oint_C\dfrac{1}{(z+\mathrm{i})^{10}(z-1)(z-3)}\mathrm{d}z$，$C$ 为正向圆周：$|z|=2$.

**解** 除 $z=\infty$ 外，被积函数只有孤立奇点 $z=-\mathrm{i}$，$z=1$，$z=3$. 根据定理 5.2.2，有

$$\mathrm{Res}\left[f(z),z=-\mathrm{i}\right]+\mathrm{Res}\left[f(z),z=1\right]+\mathrm{Res}\left[f(z),z=3\right]+\mathrm{Res}\left[f(z),z=\infty\right]=0$$

其中

$$f(z)=\frac{1}{(z+\mathrm{i})^{10}(z-1)(z-3)},$$

由于 $C$ 内只有奇点 $z=-\mathrm{i}$，$z=1$，所以由上式及留数定理得

$$\oint_C \frac{1}{(z+\mathrm{i})^{10}(z-1)(z-3)}\mathrm{d}z = 2\pi\mathrm{i}\big\{\mathrm{Res}\big[f(z),z=-\mathrm{i}\big]+\mathrm{Res}\big[f(z),z=1\big]\big\}$$

$$=-2\pi\mathrm{i}\big\{\mathrm{Res}\big[f(z),z=3\big]+\mathrm{Res}\big[f(z),z=\infty\big]\big\}$$

$$=-2\pi\mathrm{i}\left\{\frac{1}{2(3+\mathrm{i})^{10}}+0\right\}=-\frac{\pi\mathrm{i}}{(3+\mathrm{i})^{10}}.$$

读者可以思考一下用定理 5.2.1 的方法计算该积分, 看一看计算过程是否很繁琐.

## 5.3　留数在定积分计算上的应用

利用留数定理可以较为方便地计算某些实变量函数的积分, 尤其是被积函数的原函数不易求出时该定理更显得有用. 要使用留数定理计算实积分需要两个条件: 一是被积函数与某个解析函数密切相关, 二是实积分可化为沿某个闭路的积分. 下面就几个特殊类型的积分举例说明.

### 5.3.1　形如 $\int_0^{2\pi} R(\cos\theta, \sin\theta)\mathrm{d}\theta$ 的积分

这里讨论的被积函数 $R(\cos\theta, \sin\theta)$ 为 $\sin\theta$ 与 $\cos\theta$ 的有理函数. 令 $z=\mathrm{e}^{\mathrm{i}\theta}$ , $0 \leqslant \theta \leqslant 2\pi$ , 则

$$\mathrm{d}z = \mathrm{i}\mathrm{e}^{\mathrm{i}\theta}\mathrm{d}\theta,$$

$$\sin\theta = \frac{\mathrm{e}^{\mathrm{i}\theta}-\mathrm{e}^{-\mathrm{i}\theta}}{2\mathrm{i}} = \frac{z^2-1}{2\mathrm{i}z},$$

$$\cos\theta = \frac{\mathrm{e}^{\mathrm{i}\theta}+\mathrm{e}^{-\mathrm{i}\theta}}{2} = \frac{z^2+1}{2z}.$$

当 $\theta$ 从 0 变化到 $2\pi$ 时, $z$ 沿单位圆绕行一周. 从而, 所设积分化为沿正向单位圆周的积分:

$$\oint_{|z|=1} R\left[\frac{z^2+1}{2z}, \frac{z^2-1}{2\mathrm{i}z}\right]\frac{1}{\mathrm{i}z}\mathrm{d}z = \oint_{|z|=1} f(z)\mathrm{d}z,$$

其中 $f(z) = R\left[\dfrac{z^2+1}{2z}, \dfrac{z^2-1}{2\mathrm{i}z}\right]\dfrac{1}{\mathrm{i}z}$ , 且在单位圆周 $|z|=1$ 上分母不为 0, 故满足留数定理的条件.

设 $f(z)$ 在单位圆内的孤立奇点为 $z_1, z_2, \cdots, z_n$ , 则由留数定理, 有

$$\int_0^{2\pi} R(\cos\theta, \sin\theta)\mathrm{d}\theta = \oint_{|z|=1} f(z)\mathrm{d}z = 2\pi\mathrm{i}\sum_{k=1}^{n}\mathrm{Res}\big[f(z), z_k\big].$$

**例 5.3.1**　计算积分 $I = \int_0^{2\pi} \dfrac{\cos 2\theta}{1 - 2p\cos\theta + p^2} \mathrm{d}\theta$ $(0 < p < 1)$ 的值.

**解**　由于 $0 < p < 1$，被积函数的分母 $1 - 2p\cos\theta + p^2 = (1-p)^2 + 2p(1-\cos\theta)$ 在 $0 \leqslant \theta \leqslant 2\pi$ 内不为零，因而，积分有意义. 作变换 $z = \mathrm{e}^{\mathrm{i}\theta}$，得

$$I = \oint_{|z|=1} \frac{z^2 + z^{-2}}{2} \cdot \frac{1}{1 - 2p \cdot \dfrac{z + z^{-1}}{2} + p^2} \cdot \frac{\mathrm{d}z}{\mathrm{i}z}$$

$$= \oint_{|z|=1} \frac{1 + z^4}{2\mathrm{i}z^2(1 - pz)(z - p)} \mathrm{d}z = \oint_{|z|=1} f(z)\mathrm{d}z,$$

在被积函数的三个极点 $z = 0$，$z = p$，$z = \dfrac{1}{p}$ 中只有前两个在单位圆内，其中 $z = 0$ 为二级极点，$z = p$ 为一级极点，且在单位圆上无奇点. 而

$$\mathrm{Res}\big[f(z), z = 0\big] = \lim_{z \to 0} \frac{\mathrm{d}}{\mathrm{d}z}\left[ z^2 \cdot \frac{1 + z^4}{2\mathrm{i}z^2(1 - pz)(z - p)} \right]$$

$$= \lim_{z \to 0} \frac{(z - pz^2 - p + p^2 z)4z^3 - (1 + z^4)(1 - 2pz + p^2)}{2\mathrm{i}(z - pz^2 - p + p^2 z)^2}$$

$$= -\frac{1 + p^2}{2\mathrm{i}p^2}.$$

$$\mathrm{Res}\big[f(z), z = p\big] = \lim_{z \to p}\left[ (z - p) \cdot \frac{1 + z^4}{2\mathrm{i}z^2(1 - pz)(z - p)} \right]$$

$$= \frac{1 + p^4}{2\mathrm{i}p^2(1 - p^2)}.$$

因此

$$I = 2\pi\mathrm{i}\left[ -\frac{1 + p^2}{2\mathrm{i}p^2} + \frac{1 + p^4}{2\mathrm{i}p^2(1 - p^2)} \right] = \frac{2\pi p^2}{1 - p^2}.$$

**例 5.3.2**　计算积分 $I = \int_0^{\pi} \dfrac{\cos mx}{5 - 4\cos x} \mathrm{d}x$ $(m$ 为正整数$)$.

**解**　因被积函数为 $x$ 的偶函数，故

$$I = \frac{1}{2}\int_{-\pi}^{\pi} \frac{\cos mx}{5 - 4\cos x} \mathrm{d}x,$$

令

$$I_1 = \int_{-\pi}^{\pi} \frac{\cos mx}{5 - 4\cos x} \mathrm{d}x, \qquad I_2 = \int_{-\pi}^{\pi} \frac{\sin mx}{5 - 4\cos x} \mathrm{d}x,$$

则

$$I_1 + \mathrm{i}I_2 = \int_{-\pi}^{\pi} \frac{\cos mx}{5 - 4\cos x}\,\mathrm{d}x + \int_{-\pi}^{\pi} \frac{\mathrm{i}\sin mx}{5 - 4\cos x}\,\mathrm{d}x = \int_{-\pi}^{\pi} \frac{\mathrm{e}^{\mathrm{i}mx}}{5 - 4\cos x}\,\mathrm{d}x,$$

设 $z = \mathrm{e}^{\mathrm{i}x}$ ，则

$$I_1 + \mathrm{i}I_2 = \frac{1}{\mathrm{i}} \oint_{|z|=1} \frac{z^m}{5z - 2(1 + z^2)}\,\mathrm{d}z,$$

被积函数在 $|z|=1$ 内仅有一个一级极点 $z = \dfrac{1}{2}$ ，其留数等于

$$\lim_{z \to \frac{1}{2}}\left(z - \frac{1}{2}\right) \cdot \frac{-z^m}{2\left(z - \dfrac{1}{2}\right)(z - 2)} = \frac{1}{3 \cdot 2^m},$$

故

$$I_1 + \mathrm{i}I_2 = \frac{1}{\mathrm{i}} \cdot \frac{2\pi\mathrm{i}}{3 \cdot 2^m} = \frac{\pi}{3 \cdot 2^{m-1}},$$

于是

$$I_1 = \frac{\pi}{3 \cdot 2^{m-1}}, \quad I_2 = 0,$$

因此

$$I = \frac{1}{2}I_1 = \frac{\pi}{3 \cdot 2^m}.$$

其中 $I_2 = 0$ 也可以由奇偶函数的积分结论看出.

## 5.3.2　形如 $\displaystyle\int_{-\infty}^{+\infty} R(x)\,\mathrm{d}x$ 的积分

当被积函数 $R(x)$ 是 $x$ 的有理函数,而分母的次数至少比分子的次数高 2 次,并且作为复变量 $z$ 的函数 $R(z)$ 在实轴上没有孤立奇点时，积分是存在的. 现在来说明它的求法.

求法不失一般性，设

$$R(z) = \frac{z^n + a_1 z^{n-1} + \cdots + a_n}{z^m + b_1 z^{m-1} + \cdots + b_m} \quad (m - n \geqslant 2)$$

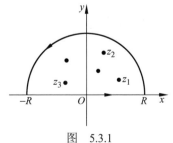

图　5.3.1

为一已约分式. 取积分路线如图 5.3.1 所示,其中 $C_R$ 是以原点为中心、 $R$ 为半径、在上半平面的半圆周，它与实轴上从 $-R$ 到 $R$ 的线段一同构成

一个闭路 $C$. 取 $R$ 充分大，使 $R(z)$ 在上半平面的极点 $z_k (k=1,2,\cdots,n)$ 都包在圆周内，由留数定理得

$$\int_{-R}^{R} R(x)\mathrm{d}x + \int_{C_R} R(z)\mathrm{d}z = 2\pi\mathrm{i}\sum_{k=1}^{n}\mathrm{Res}\left[R(z),z_k\right], \tag{5.3.1}$$

该等式不会因 $C_R$ 的半径 $R$ 的不断增大而改变.

因为

$$|R(z)| = \frac{1}{|z|^{m-n}}\cdot\frac{\left|1+a_1 z^{-1}+\cdots+a_n z^{-n}\right|}{\left|1+b_1 z^{-1}+\cdots+b_m z^{-m}\right|},$$

当 $|z|$ 充分大时，总可以使

$$\left|a_1 z^{-1}+\cdots+a_n z^{-n}\right| < \frac{1}{10}, \quad \left|b_1 z^{-1}+\cdots+b_n z^{-m}\right| < \frac{1}{10}.$$

再注意到 $m-n\geq 2$，有

$$|R(z)| \leq \frac{1}{|z|^{m-n}}\cdot\frac{1+\left|a_1 z^{-1}+\cdots+a_n z^{-n}\right|}{1-\left|b_1 z^{-1}+\cdots+b_m z^{-m}\right|}$$

$$< \frac{1}{|z|^{m-n}}\cdot\frac{1+\dfrac{1}{10}}{1-\dfrac{1}{10}} < \frac{2}{|z|^2}.$$

因此，在半径 $R$ 充分大的 $C_R$ 上有

$$\left|\int_{C_R} R(z)\mathrm{d}z\right| \leq \int_{C_R}|R(z)|\mathrm{d}s \leq \frac{2}{R^2}\cdot\pi R = \frac{2\pi}{R}.$$

所以，当 $R\to+\infty$ 时， $\int_{C_R} R(z)\mathrm{d}z\to 0$，从而由式(5.3.1)得

$$\int_{-\infty}^{+\infty} R(x)\mathrm{d}x = 2\pi\mathrm{i}\sum_{k=1}^{n}\mathrm{Res}\left[R(z),z_k\right].$$

**例 5.3.3** 计算积分 $I = \int_{-\infty}^{+\infty}\dfrac{x^2\mathrm{d}x}{(x^2+a^2)(x^2+b^2)}$ $(a>0,b>0)$ 的值.

**解** 这里 $m=4,n=2,m-n=2$，且

$$R(z) = \frac{z^2}{(z^2+a^2)(z^2+b^2)}$$

在实轴上无奇点，因此积分是存在的. $R(z)$ 有一级极点 $z=ai, z=bi$ 在上半平面内，由于

$$\operatorname{Res}\left[R(z), z = a\mathrm{i}\right] = \frac{a}{2\mathrm{i}(a^2 - b^2)}$$

和

$$\operatorname{Res}\left[R(z), z = b\mathrm{i}\right] = \frac{b}{2\mathrm{i}(b^2 - a^2)},$$

于是

$$I = 2\pi\mathrm{i}\left[\frac{a}{2\mathrm{i}(a^2 - b^2)} + \frac{b}{2\mathrm{i}(b^2 - a^2)}\right] = \frac{\pi}{a+b}.$$

**例 5.3.4**　计算积分 $\displaystyle\int_{-\infty}^{+\infty} \frac{x^4}{(2 + 3x^2)^4}\,\mathrm{d}x$.

**解**　$R(x) = \dfrac{x^4}{(2 + 3x^2)^4}$，则 $R(z) = \dfrac{z^4}{(2 + 3z^2)^4}$ 在上半平面内只有 $z = \mathrm{i}\sqrt{\dfrac{2}{3}}$ 四级极点，且

$$\operatorname{Res}\left[R(z), \mathrm{i}\sqrt{\frac{2}{3}}\right] = -\frac{\mathrm{i}}{576\sqrt{6}},$$

故

$$\int_{-\infty}^{+\infty} \frac{x^4}{(2 + 3x^2)^4}\,\mathrm{d}x = 2\pi\mathrm{i}\left(-\frac{\mathrm{i}}{576\sqrt{6}}\right) = \frac{\pi}{288\sqrt{6}}.$$

## 5.3.3　形如 $\displaystyle\int_{-\infty}^{+\infty} R(x)\mathrm{e}^{iax}\,\mathrm{d}x\ (a > 0)$ 的积分

这里被积函数 $R(x)$ 是 $x$ 的有理函数，分母的次数至少比分子的次数高一次，并且当复变量 $z$ 的函数 $R(z)$ 在实轴上没有孤立奇点时，积分是存在的. 这个结论由我们下面的引理保证.

**引理 5.3.1（若尔当引理）**　设函数 $f(z)$ 是在闭区域

$$\theta_1 \leqslant \operatorname{Arg} z \leqslant \theta_2, \quad r_0 \leqslant |z| < +\infty \quad (r_0 \geqslant 0, 0 \leqslant \theta_1 \leqslant \theta_2 \leqslant \pi)$$

上的连续函数，并且设 $C_r$ 是以原点为中心、$r$ 为半径的圆弧在这个闭区域上的一段 $(r \geqslant r_0)$. 如果当 $z$ 在这个闭区域上时有

$$\lim_{z \to \infty} f(z) = 0, \tag{5.3.2}$$

则对任意 $a > 0$，有

$$\lim_{r \to +\infty} \int_{C_r} f(z)\mathrm{e}^{iaz}\,\mathrm{d}z = 0.$$

**证**    由式(5.3.2)可知，对任给的 $\varepsilon > 0$，有 $r_1 > 0$，当 $r > r_0$ 时，对一切的 $C_r$ 上的 $z$，有 $|f(z) < \varepsilon|$. 于是

$$\left| \int_{C_r} f(z)e^{iaz}dz \right| = \left| \int_{\theta_1}^{\theta_2} f(re^{i\theta})e^{iare^{i\theta}} \cdot re^{i\theta}id\theta \right|$$

$$\leqslant r\varepsilon \int_0^\pi e^{-ar\sin\theta}d\theta = 2r\varepsilon \int_0^{\frac{\pi}{2}} e^{-ar\sin\theta}d\theta.$$

因为当 $0 < \theta < \dfrac{\pi}{2}$ 时，

$$\frac{2}{\pi} \leqslant \frac{\sin\theta}{\theta} \leqslant 1,$$

所以

$$\left| \int_{C_r} f(z)e^{iaz}dz \right| \leqslant 2r\varepsilon \int_0^{\frac{\pi}{2}} e^{-ar\sin\theta}d\theta \leqslant 2r\varepsilon \int_0^{\frac{\pi}{2}} e^{-\frac{2ar\theta}{\pi}}d\theta$$

$$= \frac{\pi\varepsilon}{a}\left[ 1 - e^{-ar} \right] < \frac{\pi\varepsilon}{a}.$$

从而有

$$\lim_{r \to +\infty} \int_{C_r} f(z)e^{iaz}dz = 0.$$

现在回到本段开始提出的积分问题，作如图 5.3.1 所示那样的区域，使 $R(z)$ 在上半平面内的所有孤立奇点 $z_k (k = 1, 2, \cdots, n)$ 均含在半圆内，由留数定理得

$$\int_{-R}^{R} R(x)e^{iax}dx + \int_{C_R} R(z)e^{iaz}dz = 2\pi i \sum_{k=1}^{n} \operatorname{Res}\left[ R(z)e^{iaz}, z_k \right], \qquad (5.3.3)$$

式(5.3.3)中令 $R \to +\infty$，得 $\displaystyle\int_{-\infty}^{+\infty} R(x)e^{iax}dx = 2\pi i \sum_{k=1}^{n} \operatorname{Res}[R(z)e^{iaz}, z_k]$.

特别地，将上式两端的实部与虚部分开后，可以计算下列形式的积分

$$\int_{-\infty}^{+\infty} R(x)\cos ax dx, \qquad \int_{-\infty}^{+\infty} R(x)\sin ax dx. \qquad (5.3.4)$$

**例 5.3.5**    计算积分 $I = \displaystyle\int_0^{+\infty} \frac{x\sin x dx}{(x^2 + a^2)}$ $(a > 0)$ 的值.

**解**    这里 $R(z) = \dfrac{z}{z^2 + a^2}$ 分母的次数至少比分子的次数高一次，在实轴上没有孤立奇点，在上半平面有一级极点 $z = ai$，故有

$$\int_{-\infty}^{+\infty} \frac{x}{x^2 + a^2}e^{ix}dx = 2\pi i \operatorname{Res}\left[ \frac{ze^{iz}}{z^2 + a^2}, z = ai \right] = \pi e^{-a}i,$$

即

$$\int_{-\infty}^{+\infty} \frac{x\cos x \mathrm{d}x}{x^2+a^2} + \mathrm{i}\int_{-\infty}^{+\infty} \frac{x\sin x \mathrm{d}x}{x^2+a^2} = \pi \mathrm{e}^{-a}\mathrm{i},$$

于是

$$I = \int_0^{+\infty} \frac{x\sin x \mathrm{d}x}{x^2+a^2} = \frac{\pi \mathrm{e}^{-a}}{2}.$$

### 5.3.4　积分路径上有奇点的积分

在 5.3.2 节和 5.3.3 节中讨论的积分都要求被积函数中的 $R(z)$ 在实轴上无孤立奇点,至于不满足这个条件的积分该如何计算,现举例说明.

**例 5.3.6**　计算积分 $I = \int_0^{+\infty} \frac{\sin x}{x} \mathrm{d}x$ 的值.

**解**　因为函数 $\frac{\sin x}{x}$ 是偶函数,所以

$$I = \int_0^{+\infty} \frac{\sin x \mathrm{d}x}{x} = \frac{1}{2}\int_{-\infty}^{+\infty} \frac{\sin x \mathrm{d}x}{x},$$

上式右端积分与例 5.3.3 的积分类似,故可从函数 $\frac{\mathrm{e}^{\mathrm{i}z}}{z}$ 沿某一闭路的积分计算入手. 但是 $z=0$ 是函数 $\frac{\mathrm{e}^{\mathrm{i}z}}{z}$ 的一级极点,我们用挖奇点的办法构造如图 5.3.2 所示的路径,由柯西-古尔萨定理,有

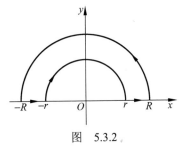

图　5.3.2

$$\int_{C_R} \frac{\mathrm{e}^{\mathrm{i}z}}{z}\mathrm{d}z + \int_{-R}^{-r} \frac{\mathrm{e}^{\mathrm{i}x}}{x}\mathrm{d}x + \int_{C_r} \frac{\mathrm{e}^{\mathrm{i}z}}{z}\mathrm{d}z + \int_{r}^{R} \frac{\mathrm{e}^{\mathrm{i}x}}{x}\mathrm{d}x = 0,$$

而

$$\int_{-R}^{-r} \frac{\mathrm{e}^{\mathrm{i}x}}{x}\mathrm{d}x = -\int_{r}^{R} \frac{\mathrm{e}^{-\mathrm{i}x}}{x}\mathrm{d}x,$$

所以

$$\int_{C_R} \frac{\mathrm{e}^{\mathrm{i}z}}{z}\mathrm{d}z + \int_{C_r} \frac{\mathrm{e}^{\mathrm{i}z}}{z}\mathrm{d}z + \int_{r}^{R} \frac{\mathrm{e}^{\mathrm{i}x} - \mathrm{e}^{-\mathrm{i}x}}{x}\mathrm{d}x = 0,$$

即

$$\int_{C_R} \frac{\mathrm{e}^{\mathrm{i}z}}{z}\mathrm{d}z + \int_{C_r} \frac{\mathrm{e}^{\mathrm{i}z}}{z}\mathrm{d}z + 2\mathrm{i}\int_{r}^{R} \frac{\sin x}{x}\mathrm{d}x = 0, \tag{5.3.5}$$

由若尔当引理知

$$\lim_{R \to +\infty} \int_{C_R} \frac{1}{z} e^{iz} dz = 0, \tag{5.3.6}$$

又因

$$\frac{e^{iz}}{z} = \frac{1}{z} + i - \frac{z}{2!} + \cdots = \frac{1}{z} + \varphi(z),$$

其中 $\varphi(z) = i - \dfrac{z}{2!} + \cdots$ 在 $z = 0$ 处解析，且 $\varphi(0) = i$，因而当 $|z|$ 充分小时，可使 $|\varphi(z)| \leqslant 2$，于是，当 $r$ 充分小时，

$$\left| \int_{C_r} \varphi(z) dz \right| \leqslant \int_{C_r} |\varphi(z)| ds \leqslant 2\pi r,$$

故

$$\lim_{r \to 0} \int_{C_r} \varphi(z) dz = 0,$$

又

$$\int_{C_r} \frac{1}{z} dz = \int_{\pi}^{0} \frac{ire^{i\theta}}{re^{i\theta}} d\theta = -i\pi,$$

从而

$$\lim_{r \to 0} \int_{C_r} \frac{1}{z} e^{iz} dz = \lim_{r \to 0} \left[ \int_{C_r} \frac{1}{z} dz + \int_{C_r} \varphi(z) dz \right] = -i\pi, \tag{5.3.7}$$

于是，由式(5.3.5)～式(5.3.7)可得

$$2i \int_{0}^{+\infty} \frac{\sin x}{x} dx = i\pi,$$

即

$$\int_{0}^{+\infty} \frac{\sin x}{x} dx = \frac{\pi}{2}.$$

该积分在研究阻尼振动中经常用到. 另外，从以上例子可以看出，对某些特殊的积分，可以利用留数给出一些特殊的解决方法. 例如可以证明菲涅耳（Fresnel）积分 $\int_{0}^{+\infty} \sin x^2 dx = \int_{0}^{+\infty} \cos x^2 dx = \frac{1}{4}\sqrt{2}$（证明需利用高等数学中 $\int_{0}^{+\infty} e^{x^2} dx = \frac{\sqrt{\pi}}{2}$ 的结论），该积分在光学研究中经常用到.

# *5.4　对数留数与辐角原理

本节将依据留数理论来介绍对数留数和辐角原理，通过它们可以判断方程 $f(z)=0$ 的根所在的范围，这有助于研究物理运动的稳定性问题.

## 5.4.1　对数留数

称具有下列形式的积分

$$\frac{1}{2\pi i}\oint_C \frac{f'(z)}{f(z)}\mathrm{d}z$$

为 $f(z)$ 关于曲线 $C$ 的对数留数（之所以这样称谓，是因为 $\dfrac{f'(z)}{f(z)}=[\ln f(z)]'$ ). 对数留数也就是函数 $f(z)$ 的对数的导数 $\dfrac{f'(z)}{f(z)}$ 在位于 $C$ 内的孤立奇点处的留数的代数和.

由于函数 $f(z)$ 的零点和奇点都有可能是函数 $\dfrac{f'(z)}{f(z)}$ 的奇点，具体地，有

**引理**　（1）如果 $z_1$ 为 $f(z)$ 的 $m$ 级零点，则 $z_1$ 必为 $\dfrac{f'(z)}{f(z)}$ 的一级极点，且

$$\mathrm{Res}\left[\frac{f'(z)}{f(z)},z_1\right]=m .$$

（2）如果 $z_2$ 为 $f(z)$ 的 $n$ 级极点，则 $z_2$ 必为 $\dfrac{f'(z)}{f(z)}$ 的一级极点，且

$$\mathrm{Res}\left[\frac{f'(z)}{f(z)},z_2\right]=-n .$$

**证**　（1）由于 $z_1$ 为 $f(z)$ 的 $m$ 级零点，故在 $z_1$ 的某邻域内，有

$$f(z)=(z-z_1)^m \varphi(z),$$

其中 $\varphi(z)$ 为上述邻域内的一解析函数，且 $\varphi(z_1)\neq 0$ ，又因为解析函数的零点是孤立的，从而在该邻域内始终有 $\varphi(z)\neq 0$ . 所以

$$f'(z)=m(z-z_1)^{m-1}\varphi(z)+(z-z_1)^m \varphi'(z),$$

故而有

$$\frac{f'(z)}{f(z)}=\frac{m}{z-z_1}+\frac{\varphi'(z)}{\varphi(z)},$$

由于 $\varphi(z)$ 是邻域内的解析函数，因而 $\varphi'(z)$ 也是解析的，并且 $\varphi(z) \neq 0$，所以 $\dfrac{\varphi'(z)}{\varphi(z)}$ 也是上述邻域内的解析函数. 因此 $z_1$ 为 $\dfrac{f'(z)}{f(z)}$ 的一级极点，且

$$\mathrm{Res}\left[\frac{f'(z)}{f(z)}, z_1\right] = m .$$

（2）由于 $z_2$ 为 $f(z)$ 的 $n$ 级极点，故在 $z_2$ 某一去心邻域内，有

$$f(z) = \frac{\phi(z)}{(z - z_1)^n},$$

其中 $\phi(z)$ 在 $z_2$ 处解析，且 $\phi(z_2) \neq 0$，于是

$$\frac{f'(z)}{f(z)} = \frac{-n}{z - z_2} + \frac{\phi'(z)}{\phi(z)},$$

与（1）相似，$\dfrac{\phi'(z)}{\phi(z)}$ 在点 $z_2$ 处解析，故 $z_2$ 是 $\dfrac{f'(z)}{f(z)}$ 的一级极点，且

$$\mathrm{Res}\left[\frac{f'(z)}{f(z)}, z_2\right] = -n .$$

**定理 5.4.1**　如果 $f(z)$ 在简单闭曲线 $C$ 上解析且不为零，在 $C$ 的内部除有限个极点外处处解析，则

$$\frac{1}{2\pi \mathrm{i}} \oint_C \frac{f'(z)}{f(z)} \mathrm{d}z = M - N, \tag{5.4.1}$$

其中 $M, N$ 分别为 $f(z)$ 在 $C$ 内的零点、极点的总个数，且 $C$ 取正向. 在计算零点和极点的个数时，$m$ 级零点或极点视为 $m$ 个零点或极点.

**证**　设 $a_k (k = 1, 2, \cdots, p)$ 为 $f(z)$ 在 $C$ 内的不同零点，其级数相应地记为 $n_k$；$b_j (j = 1, 2, \cdots, q)$ 为 $f(z)$ 在 $C$ 内的不同极点，其级数相应地记为 $m_j$. 由引理知，$\dfrac{f'(z)}{f(z)}$ 在 $C$ 内有一级极点的 $a_k, b_j$ $(k = 1, 2, \cdots, p; j = 1, 2, \cdots, q)$ 外都为解析点.据留数定理和引理，即有

$$\frac{1}{2\pi \mathrm{i}} \oint_C \frac{f'(z)}{f(z)} \mathrm{d}z = \sum_{k=1}^{p} \mathrm{Res}\left[\frac{f'(z)}{f(z)}, a_k\right] + \sum_{j=1}^{q} \mathrm{Res}\left[\frac{f'(z)}{f(z)}, b_j\right]$$

$$= \sum_{k=1}^{p} n_k + \sum_{j=1}^{q} (-m_j) = M - N.$$

### 5.4.2　辐角原理

由于式(5.4.1)左边是函数 $f(z)$ 关于 $C$ 的对数留数,现在我们解释其几何意义. 因为

$$\frac{1}{2\pi i}\oint_C \frac{f'(z)}{f(z)}\mathrm{d}z = \frac{1}{2\pi i}\oint_C \mathrm{d}[\ln f(z)],$$

当 $z$ 从 $z_0$ 出发沿 $C$ 的正向绕行一周后回到 $z_0$ 时,$\ln f(z)$ 连续变化,其实部 $\ln|f(z)|$ 从 $\ln|f(z_0)|$ 开始连续变化最后回到 $\ln|f(z_0)|$,但其虚部一般不再回到原来值(图 5.4.1).

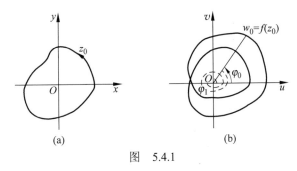

图　5.4.1

令 $\varphi_0$ 为辐角主值 $\arg f(z)$ 在 $z_0$ 处的值,$\varphi_1$ 为 $\arg f(z)$ 绕行一周后的值,于是有

$$\begin{aligned}
\frac{1}{2\pi i}\oint_C \frac{f'(z)}{f(z)}\mathrm{d}z &= \frac{1}{2\pi i}\left\{\oint_C \mathrm{d}[\ln|f(z)|] + \mathrm{i}\oint_C \mathrm{d}[\mathrm{Arg}\,f(z)]\right\} \\
&= \frac{1}{2\pi i}\left\{\oint_C \mathrm{d}[\ln|f(z)|] + \mathrm{i}\oint_C \mathrm{d}[\arg f(z)]\right\} \\
&= \frac{1}{2\pi i}\{[\ln|f(z_0)|+\mathrm{i}\varphi_1] - [\ln|f(z_0)|+\mathrm{i}\varphi_0]\} \\
&= \frac{\varphi_1 - \varphi_0}{2\pi} = \frac{\Delta_C \arg f(z)}{2\pi}.
\end{aligned}$$

其中 $\Delta_C \arg f(z)$ 为 $z$ 沿 $C$ 的正向绕行一周后 $\arg f(z)$ 的改变量,它等于 $2\pi$ 的整数倍.

综上分析,对数留数的几何意义是当 $z$ 沿 $C$ 的正向绕行一周时,$w = f(z)$ 在 $w$ 平面上所对应的连续闭曲线 $\Gamma$ 绕原点的回转次数,它始终是整数倍.

此时式(5.4.1)的右边为

$$M - N = \frac{1}{2\pi}\Delta_C \arg f(z), \tag{5.4.2}$$

当 $f(z)$ 在 $C$ 内解析时, $N=0$ ，上式即为

$$M = \frac{1}{2\pi}\Delta_C \arg f(z), \tag{5.4.3}$$

此时可以利用式(5.4.3)计算 $f(z)$ 在 $C$ 内的零点的个数.

综合以上，有辐角原理.

**定理 5.4.2(辐角原理)**   在定理 5.1.1 的条件下， $f(z)$ 在 $C$ 内的零点的个数与极点的个数之差等于当 $z$ 沿 $C$ 的正向绕行一周后 $\arg f(z)$ 的改变量除以 $2\pi$ ，即

$$M - N = \frac{1}{2\pi}\Delta_C \arg f(z).$$

特殊情况下，当 $f(z)$ 在 $C$ 上及 $C$ 内部解析且 $f(z)$ 在 $C$ 上不为零时，即有

$$M = \frac{1}{2\pi}\Delta_C \arg f(z).$$

下面给出辐角原理的一个推论，通过它可以比较两个函数的零点的个数.

**定理 5.4.3(儒歇定理[Rouche])**   设 $C$ 是一个简单闭曲线，函数 $f(z)$ 在 $C$ 上及 $C$ 内部都解析，并且在 $C$ 上满足 $|f(z)|>|g(z)|$ ，则 $f(z)$ 与 $f(z)+g(z)$ 在 $C$ 内的零点个数相同.

**证**   由已知条件知，在 $C$ 上， $|f(z)|>0$ ，且 $|f(z)|\geqslant|f(z)|+|g(z)|>0$ ，即说明 $f(z)$ 与 $f(z)+g(z)$ 在 $C$ 上都不等于零. 据辐角原理，只需证明

$$\Delta_C \arg f(z) = \Delta_C \arg[f(z) + g(z)],$$

设函数

$$w = F(z) = \frac{f(z)+g(z)}{f(z)} = 1 + \frac{g(z)}{f(z)},$$

由于在 $C$ 上 $\left|\dfrac{g(z)}{f(z)}\right|<1$ ，故函数 $w=F(z)$ 在将 $z$ 平面上的曲线 $C$ 映射成 $w$ 平面上的曲线 $\varGamma$ 时，满足不等式

$$|w-1| = \left|\frac{g(z)}{f(z)}\right| < 1,$$

也就是 $w=F(z)$ 始终在以 1 为中心的单位圆 $|w-1|=1$ 的内部，从而曲线 $\varGamma$ 不会绕原点，故 $\Delta_C \arg F(z)=0$ .

又 $f(z)+g(z)=f(z)F(z)$，即有

$$\Delta_C \arg[f(z)+g(z)] = \Delta_C \arg f(z) + \Delta_C \arg F(z) = \Delta_C \arg f(z).$$

**例 5.4.1**　证明：$n$ 次代数方程

$$a_n z^n + a_{n-1} z^{n-1} + \cdots + a_1 z + a_0 = 0 \quad (a_n \neq 0)$$

有 $n$ 根.

**证**　令 $f(z) = a_n z^n$，$g(z) = a_{n-1} z^{n-1} + \cdots + a_1 z + a_0$，则

$$\left| \frac{g(z)}{f(z)} \right| = \left| \frac{a_{n-1} z^{n-1} + \cdots + a_1 z + a_0}{a_n z^n} \right|$$

$$\leqslant \left| \frac{a_{n-1}}{a_n} \right| \cdot \frac{1}{|z|} + \left| \frac{a_{n-2}}{a_n} \right| \cdot \frac{1}{|z|^2} + \cdots + \left| \frac{a_0}{a_n} \right| \cdot \frac{1}{|z|^n},$$

取 $|z| \geqslant R$，$R$ 充分大，可使 $\left| \dfrac{g(z)}{f(z)} \right| < 1$，即在圆 $|z| = R$ 上和圆外关系式 $|f(z)| > |g(z)|$ 成立，显然，$f(z)$ 与 $g(z)$ 在圆 $|z| = R$ 上与圆内都是解析的. 由儒歇定理，$f(z) = a_n z^n$ 和 $f(z) + g(z) = a_n z^n + a_{n-1} z^{n-1} + \cdots + a_1 z + a_0$ 在圆内有相同个数的零点. 但 $f(z)$ 内的零点的个数为 $n$，所以 $f(z) + g(z)$ 在圆内的零点的个数也是 $n$. 又由于在圆上和圆外关系 $|f(z)| > |g(z)|$ 成立，因此在圆上和圆外 $f(z) + g(z) = 0$ 不能有根，不然，将有 $|f(z)| = |g(z)|$，与上述关系式 $|f(z)| > |g(z)|$ 相矛盾，因此原方程有 $n$ 个根.

# 习题 5

**5.1**　下列函数有哪些奇点？如果是极点，指出它的级.

（1）$\dfrac{1}{z(z^2+1)^2}$；　　　　（2）$\dfrac{\sin z}{z^3}$；　　　　　　（3）$\dfrac{1}{z^3 - z^2 - z + 1}$；

（4）$\dfrac{\ln(z+1)}{z}$；　　　（5）$\dfrac{z}{(1+z^2)(1+\mathrm{e}^{\pi z})}$；　　（6）$\mathrm{e}^{\frac{1}{z-1}}$；

（7）$\dfrac{1}{z^2(\mathrm{e}^z - 1)}$；　　（8）$\dfrac{z^{2n}}{1+z^n}$ $(n=1,2,\cdots)$；　（9）$\dfrac{1}{\sin z^2}$.

**5.2**　求证：如果 $z_0$ 是 $f(z)$ 的 $m(m>1)$ 级零点，那么 $z_0$ 是 $f'(z)$ 的 $m-1$ 级零点.

**5.3**　验证：$z = \dfrac{\pi \mathrm{i}}{2}$ 是 $\cosh z$ 的一级零点.

**5.4**　$z = 0$ 是函数 $(\sin z + \sinh z - 2z)^{-2}$ 的几级极点？

**5.5** 证明：如果 $f(z)$ 和 $g(z)$ 是以 $z_0$ 为零点的两个不恒等于零的解析函数，那么 $\lim\limits_{z\to z_0}\dfrac{f(z)}{g(z)}=\lim\limits_{z\to z_0}\dfrac{f'(z)}{g'(z)}$（或两端都为 $\infty$）.

**5.6** 设函数 $f(z)$ 与 $g(z)$ 分别以 $z=a$ 为 $m$ 级与 $n$ 级极点，那么下列三个函数在 $z=a$ 处各有什么性质？

（1）$f(z)g(z)$；　　　　（2）$\dfrac{f(z)}{g(z)}$；　　　　（3）$f(z)+g(z)$.

**5.7** 函数 $f(z)=\dfrac{1}{z(z-1)^2}$ 在 $z=1$ 处有一个二级极点；这个函数又有下列洛朗展式：

$$\frac{1}{z(z-1)^2}=\cdots+\frac{1}{(z-1)^5}+\frac{1}{(z-1)^4}+\frac{1}{(z-1)^3}\quad(|z-1|>1).$$

所以 $z=1$ 又是 $f(z)$ 的本性奇点；又其中不含 $(z-1)^{-1}$ 幂，因此 $\mathrm{Res}[f(z),z=1]$ 为零，这些说法对吗？

**5.8** 求下列函数 $f(z)$ 在有限奇点处的留数.

（1）$\dfrac{z+1}{z^2-2z}$；　（2）$\dfrac{1-e^{2z}}{z^4}$；　（3）$\dfrac{1+z^4}{(z^2+1)^3}$；　（4）$\dfrac{z}{\cos z}$；

（5）$\cos\dfrac{1}{1-z}$；　（2）$z^2\sin\dfrac{1}{z}$；　（7）$\dfrac{1}{z\sin z}$；　（8）$\dfrac{\sinh z}{\cosh z}$.

**5.9** 计算下列积分（圆周均取正向）.

（1）$\oint\limits_{|z|=\frac{3}{2}}\dfrac{\sin z}{z}\mathrm{d}z$，（2）$\oint\limits_{|z|=2}\dfrac{e^{2z}}{(z-1)^2}\mathrm{d}z$，（3）$\oint\limits_{|z|=\frac{3}{2}}\dfrac{1-\cos z}{z^m}\mathrm{d}z$（$m\in Z$）

（4）$\oint\limits_{|z|=1}\dfrac{1}{(z-a)^n(z-b)^n}\mathrm{d}z$（$n=1,2,\cdots,|a|\neq1,|b|\neq1,|a|<|b|$）.

[提示：试就 $|a|$，$|b|$ 与 1 的大小关系分别进行讨论.]

**5.10** 判断 $z=\infty$ 是下列各函数的什么奇点？

（1）$e^{\frac{1}{z^2}}$；　　　　（2）$\cos z-\sin z$；　　　（3）$\dfrac{2z}{3+z^2}$.

**5.11** 求下列函数在 $z=\infty$ 点的留数.

（1）$\dfrac{e^z}{z^2-1}$；　　　（2）$\dfrac{1}{z(z+1)^4(z-4)}$.

**5.12** 计算下列积分（圆周均取正向）.

（1）$\oint\limits_{|z|=3}\dfrac{z^{15}}{(z^2+1)^2(z^4+2)^3}\mathrm{d}z$；　　　　（2）$\oint\limits_{|z|=2}\dfrac{z^3}{1+z}e^{\frac{1}{z}}\mathrm{d}z$；

（3）$\oint\limits_{|z|=r>1}\dfrac{z^{2n}}{1+z^n}\mathrm{d}z$（$n=1,2,\cdots$）.

**5.13**　计算下列积分.

（1）$\int_0^{2\pi} \dfrac{1}{5+3\sin\theta}\mathrm{d}\theta$；

（2）$\int_0^{2\pi} \dfrac{\sin^2\theta}{a+b\cos\theta}\mathrm{d}\theta$；

（3）$\int_{-\infty}^{+\infty} \dfrac{1}{(1+x^2)^2}\mathrm{d}x$；

（4）$\int_0^{+\infty} \dfrac{x^2}{1+x^4}\mathrm{d}x$；

（5）$\int_{-\infty}^{+\infty} \dfrac{\cos x}{x^2+4x+5}\mathrm{d}x$；

（6）$\int_{-\infty}^{+\infty} \dfrac{x\sin x}{1+x^2}\mathrm{d}x$.

# 第6章 共形映射

前几章主要是通过导数、积分和级数等概念以及它们的性质和运算来讨论解析函数的性质和应用，内容主要涉及柯西理论. 在这一章中，我们将从几何的角度来对解析函数的性质和应用进行讨论.

在本章中我们先分析解析函数所构成的映射的特性，引出共形映射这一重要概念，然后进一步研究分式线性函数和几个初等函数所构成的共形映射的性质.

## 6.1 共形映射的概念

### 6.1.1 曲线的切向量

设 $C$ 是 $z$ 平面上的一条有向简单光滑曲线，用

$$z = z(t) \ (\alpha \leqslant t \leqslant \beta)$$

表示，它的正向取为 $t$ 增大时 $z$ 移动的方向，$z = z(t)$ 为一连续函数.

如果 $z'(t_0) \neq 0$，$\alpha \leqslant t_0 \leqslant \beta$，那么 $z'(t_0)$ 表示的向量（把起点取在 $z_0$，以下不一一说明）与 $C$ 相切于 $z_0$，且与曲线的正向一致，我们称此向量为曲线 $C$ 在 $z_0$ 处的切向量.

事实上，如果我们规定：通过 $C$ 上两点 $P_0$ 与 $P$ 的割线 $P_0P$ 的正向对应于参数 $t$ 增大的方向，那么这个方向与

$$\frac{z(t_0 + \Delta t) - z(t_0)}{\Delta t}$$

表示的向量的方向相同，这里，$z(t_0 + \Delta t)$ 与 $z(t_0)$ 分别为点 $P$ 与 $P_0$ 所对应的复数（图 6.1.1）. 当点 $P$ 沿曲线 $C$ 无限趋于点 $P_0$ 时，割线 $P_0P$ 的极限位置就是 $C$ 上 $P_0$ 处的切线. 因此，

$$z'(t_0) = \lim_{t \to t_0} \frac{z(t_0 + \Delta t) - z(t_0)}{\Delta t}$$

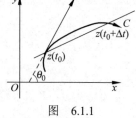

图 6.1.1

所表示的向量与 $C$ 相切于 $z_0$，且与曲线的正向一致. 如果我们规定这个向量的方向为 $C$ 上点 $z_0$ 处的切线的正向，那么我们有：

（1）$\operatorname{Arg} z'(t_0)$ 就是在 $C$ 上点 $z_0$ 处的切线的正向与 $x$ 轴正向之间的夹角；

（2）相交于一点的两条曲线 $C_1$ 与 $C_2$ 正向之间的夹角就是 $C_1$ 与 $C_2$ 在交点处的两条切线正向的夹角.

### 6.1.2　解析函数的导数的几何意义

设函数 $w = f(z)$ 在区域 $D$ 内解析，$z_0$ 为 $D$ 内一点，且 $f'(z_0) \neq 0$ . 又设 $C$ 为 $z$ 平面内通过点 $z_0$ 的一条有向光滑曲线 (图 6.1.2(a))，它的参数方程是

$$z = z(t) \quad (\alpha \leqslant t \leqslant \beta),$$

它的正向对应于参数 $t$ 增大的方向，且 $z_0 = z(t_0)$，$z'(t_0) \neq 0$，$\alpha \leqslant t_0 \leqslant \beta$ . 这样，映射 $w = f(z)$ 就将 $z$ 平面上的曲线 $C$ 映射成 $w$ 平面内通过点 $w_0 = f(z_0)$ 的一条有向光滑曲线 $\Gamma$ (图 6.1.2(b))，它的参数方程是

$$w = f\big[z(t)\big] \quad (\alpha \leqslant t \leqslant \beta), \tag{6.1.1}$$

正向对应于参数 $t$ 增大的方向.

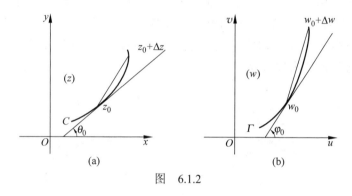

图　6.1.2

（1）旋转角不变性

由式(6.1.1)，根据复合函数求导法则，有

$$w'(t_0) = f'(z_0)z'(t_0) \neq 0 .$$

因此，在 $\Gamma$ 上点 $w_0$ 处也有切线存在，且切线的正向与 $u$ 轴的正向之间的夹角是

$$\text{Arg}\, w'(t_0) = \text{Arg}\, f'(z_0) + \text{Arg}\, z'(t_0) .$$

将上式写成

$$\text{Arg}\, w'(t_0) - \text{Arg}\, z'(t_0) = \text{Arg}\, f'(z_0). \tag{6.1.2}$$

如果将 $w$ 平面与 $z$ 平面重叠在一起，且坐标方向一致，则 $\text{Arg}\, w'(t_0) -$ $\text{Arg}\, z'(t_0)$ 就可理解为曲线 $C$ 经函数 $w = f(z)$ 映射后在 $z_0$ 处的旋转角，即导数 $\text{Arg}\, f'(z_0)$ 是曲线 $C$ 经函数 $w = f(z)$ 映射后在 $z_0$ 处的旋转角，由于 $\text{Arg}\, f'(z_0)$ 与曲线 $C$ 的形状和方向无关，因此，这种映射具有**旋转角不变性**.

（2）保角性

设曲线 $C_1$ 与 $C_2$ 相交于点 $z_0$，它们的参数方程分别是 $z=z_1(t)$ 与 $z=z_2(s)$，$\alpha\leqslant t\leqslant\beta$；$\alpha\leqslant s\leqslant\beta$，并且 $z_0=z_1(t_0)=z_2(s_0)$，$z_1'(t_0)\neq0$，$z_2'(s_0)\neq0$，$\alpha<t_0<\beta$，$\alpha<s_0<\beta$. 又设映射 $w=f(z)$ 将曲线 $C_1$ 与 $C_2$ 分别映射为交于点 $w_0=f(z_0)$ 的曲线 $\Gamma_1$ 与 $\Gamma_2$，它们的参数方程分别是 $w=w_1(t)$ 与 $w=w_2(s)$，$\alpha\leqslant t\leqslant\beta$，$\alpha\leqslant s\leqslant\beta$. 由式(6.1.2)，有

$$\operatorname{Arg} w_1'(t_0)-\operatorname{Arg} z_1'(t_0)=\operatorname{Arg} w_2'(s_0)-\operatorname{Arg} z_2'(s_0),$$

即

$$\operatorname{Arg} w_1'(t_0)-\operatorname{Arg} w_2'(s_0)=\operatorname{Arg} z_1'(t_0)-\operatorname{Arg} z_2'(s_0). \tag{6.1.3}$$

式 (6.1.3) 两端分别是曲线 $\Gamma_1$ 与 $\Gamma_2$ 以及曲线 $C_1$ 与 $C_2$ 之间的夹角，因此，式 (6.1.3) 式表明：相交于点 $z_0$ 的任何两条曲线 $C_1$ 与 $C_2$ 之间的夹角，在其大小和方向上都等同于经过 $w=f(z)$ 映射后跟曲线 $C_1$ 与 $C_2$ 对应的曲线 $\Gamma_1$ 与 $\Gamma_2$ 之间的夹角（图 6.1.3）. 所以这种映射具有保持两曲线间的夹角大小方向不变的性质，这种性质称为**保角性**.

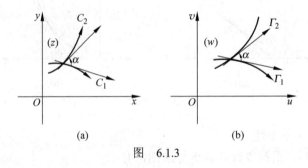

图　6.1.3

（3）伸缩率不变性

在曲线 $C$ 上 $z_0$ 的邻域内任取一点 $z=z_0+\Delta z$，则在曲线 $\Gamma$ 上有对应的点 $w=w_0+\Delta w$，由于 $w=f(z)$ 在 $z_0$ 可导，故有

$$f'(z_0)=\lim_{z\to z_0}\frac{w-w_0}{z-z_0}.$$

因此有

$$|f'(z_0)|=\lim_{z\to z_0}\frac{|w-w_0|}{|z-z_0|}=r\quad(r\neq0). \tag{6.1.4}$$

式 (6.1.4) 表明，像点之间的距离 $|w-w_0|$ 与原像点之间的距离 $|z-z_0|$ 之比的极限为 $|f'(z_0)|$，称这个极限值为曲线 $C$ 经过 $w=f(z)$ 映射后在 $z_0$ 处的**伸缩率**.

由于函数 $w = f(z)$ 可导. 因此 $|f'(z_0)|$ 只与 $z_0$ 有关, 而与曲线 $C$ 本身无关, 也就是说经过点 $z_0$ 的任何曲线 $C$, 经过 $w = f(z)$ 映射后在 $z_0$ 有相同的伸缩率. 称这种映射具有**伸缩率不变性**.

综上所述, 有下面的定理:

**定理 6.1.1**　设函数 $w = f(z)$ 在区域 $D$ 内解析, $z_0$ 为 $D$ 中的一点, 且 $f'(z_0) \neq 0$, 那么映射 $w = f(z)$ 在 $z_0$ 点具有两个性质:

(1) 保角性. 即通过 $z_0$ 的两条曲线之间的夹角跟经过映射后所得两条曲线之间的夹角在大小和方向上保持不变.

(2) 伸缩率不变性. 即通过 $z_0$ 的任何一条曲线的伸缩率均为 $|f'(z_0)|$ 而与其形状和方向无关.

### 6.1.3　共形映射的概念

**定义 6.1.1**　设函数 $w = f(z)$ 在 $z_0$ 的邻域内是一一对应的, 在 $z_0$ 处具有保角性和伸缩率不变性, 那么称映射 $w = f(z)$ 在 $z_0$ 处是共形的, 或称映射 $w = f(z)$ 在 $z_0$ 处是共形映射. 如果映射 $w = f(z)$ 在 $D$ 内的每一点是共形的, 那么称映射 $w = f(z)$ 是 $D$ 内的共形映射.

根据以上所论及定理 6.1.1 和定义 6.1.1, 我们有:

**定理 6.1.2**　如果函数 $w = f(z)$ 在点 $z_0$ 解析, 且 $f'(z_0) \neq 0$, 那么映射 $w = f(z)$ 在点 $z_0$ 是共形的, 而且 $\operatorname{Arg} f'(z_0)$ 表示这个映射在 $z_0$ 的转动角, $|f'(z_0)|$ 表示伸缩率. 如果函数 $w = f(z)$ 在 $D$ 内解析, 且处处有 $f'(z) \neq 0$, 那么映射 $w = f(z)$ 在 $D$ 内是共形的.

下面我们来解释定理 6.1.1 的几何意义. 设函数 $w = f(z)$ 在 $D$ 内解析, $z_0 \in D$, $w_0 = f(z_0)$, $f'(z_0) \neq 0$. 在 $D$ 内作一以点 $z_0$ 为其一个顶点的小三角形, 在映射下, 得到一个以 $w_0$ 为其一个顶点的小三角形. 定理 6.1.1 告诉我们, 这两个小三角形的对应角相等, 对应边长之比近似地等于 $|f'(z_0)|$, 所以这两个小三角形近似地相似.

又因伸缩率 $|f'(z_0)|$ 是比值 $\dfrac{|f(z) - f(z_0)|}{|z - z_0|} = \dfrac{|w - w_0|}{|z - z_0|}$ 的极限, 所以 $|f'(z_0)|$ 可近似地用以表示 $\dfrac{|w - w_0|}{|z - z_0|}$, 由此可以看出映射 $w = f(z)$ 也将很小的圆 $|z - z_0| = \delta$ 近似地映射成圆 $|w - w_0| = |f'(z_0)| \delta$.

上述的这些几何意义就是把解析函数 $w = f(z)$ 当 $z \in D$, $f'(z) \neq 0$ 时所构成的映射称为共形映射的原由.

## 6.2 分式线性映射

### 6.2.1 分式映射的概念

**定义 6.2.1** 由分式线性函数

$$w = \frac{az+b}{cz+d} \quad (a,b,c,d \text{ 为复常数且 } ad-bc \neq 0) \tag{6.2.1}$$

构成的映射称为分式线性映射，特别地，当 $c=0$ 时为线性映射.

分式线性映射在理论和应用中都是非常重要的一种映射. 为了保证映射的保角性，$ad-bc \neq 0$ 的限制是必要的，否则由于

$$\frac{\mathrm{d}w}{\mathrm{d}z} = \frac{ad-bc}{(cz+d)^2},$$

将有 $\frac{\mathrm{d}w}{\mathrm{d}z} = 0$，这时 $w=c$ 为常数，它将整个 $z$ 平面映射成 $w$ 平面上的一点. 分式线性映射又称为双线性映射，它是由德国数学家默比乌斯 (Mobius，1790—1868) 首先提出的，所以也称默比乌斯映射.

用 $cz+d$ 乘式(6.2.1)的两端，得

$$cwz + dw - az - b = 0.$$

对每一个固定的 $w$，上式关于 $z$ 是线性的，而对每一个固定的 $z$，它关于 $w$ 也是线性的. 因此我们称上式是双线性的,这就是称分式线性映射式(6.2.1)为双线性的原因.

由式(6.2.1)可得

$$z = \frac{-dw+b}{cw-a} \quad (ad+bc \neq 0),$$

即分式映射的逆映射仍是分式映射.

### 6.2.2 分式映射的三种特殊形式

易知，两个分式线性映射的复合，仍是分式线性映射，例如

$$w = \frac{\alpha\zeta+\beta}{\gamma\zeta+\delta} \ (\alpha\delta-\beta\gamma \neq 0), \quad \zeta = \frac{\alpha'z+\beta'}{\gamma'z+\delta'} \ (\alpha'\delta'-\beta'\gamma' \neq 0),$$

把后一式代入前一式，得

$$w = \frac{az+b}{cz+d},$$

式中 $ad - bc = (\alpha\delta - \beta\gamma)(\alpha'\delta' - \beta'\gamma') \neq 0$. 也可以将一个一般形式的分式线性映射分解成几个简单映射的复合. 设

$$w = \frac{\alpha z + \beta}{\gamma z + \delta},$$

当 $\gamma = 0$ 时，有

$$w = \frac{\alpha z + \beta}{\delta} = \frac{\alpha}{\delta}\left(z + \frac{\beta}{\alpha}\right),$$

当 $\gamma \neq 0$ 时，有

$$w = \left(\beta - \frac{\alpha\delta}{\gamma}\right)\frac{1}{\gamma z + \delta} + \frac{\alpha}{\gamma}.$$

由此可见，一个一般形式的分式线性映射可由 $w = z + b$，$w = az$，$w = \dfrac{1}{z}$ 这三种特殊形式的映射复合而成.

下面讨论这三种映射，为了方便，将 $w$ 平面看成是与 $z$ 平面重合的平面.

（1）平移映射：$w = z + b$.

由复数加法的几何意义，在映射 $w = z + b$ 之下，点 $z$ 沿向量 $\boldsymbol{b}$ 的方向,即复数 $b$ 所表示的向量平行移动距离 $|b|$ 之后，就得到点 $w$ (图 6.2.1).

（2）旋转与伸缩映射：$w = az\ (a \neq 0)$.

设 $z = re^{i\theta}$，$a = \lambda e^{i\alpha}$，则 $w = \lambda re^{i(\theta+\alpha)}$，从而 $\operatorname{Arg} w = \operatorname{Arg} z + \alpha$，$|w| = \lambda|z|$，因此，先把 $z$ 旋转一个角度 $\alpha$，再将 $|z|$ 伸长（或缩短）$\lambda$ 倍，就得到 $w$ (图 6.2.2).

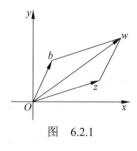

图　6.2.1

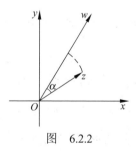

图　6.2.2

（3）反演映射：$w = \dfrac{1}{z}$.

这个映射可以分解为 $w_1 = \dfrac{1}{\bar{z}}$，$w = \overline{w_1}$.

为了用几何方法从 $z$ 作出 $w$，我们来研究所谓关于一已知圆周的一对对称点. 为此先给出如下定义.

**定义 6.2.2** 设圆的半径为 $R$，$A$，$B$ 两点位于从圆心 $O$ 出发的射线上，且 $\overline{OA} \cdot \overline{OB} = R^2$，则称 $A$ 与 $B$ 是关于该圆周的对称点，规定圆心 $O$ 的对称点为无穷远点 $\infty$.

如果设 $z = re^{i\theta}$，那么 $w = \dfrac{1}{\bar{z}} = \dfrac{1}{r}e^{i\theta}$，$w = \bar{w}_1 = \dfrac{1}{r}e^{-i\theta}$，从而 $|w_1||z| = 1$，由此可知 $z$ 和 $w_1$ 是关于单位圆 $|z| = 1$ 的对称点，$w_1$ 和 $w$ 是关于实轴的对称点，由此，要从 $z$ 作出 $w = \dfrac{1}{\bar{z}}$，应先作出 $z$ 关于 $|z| = 1$ 的对称点 $w_1$，然后再作出 $w_1$ 关于实轴的对称点，即得 $w$ (图 6.2.3).

为了方便讨论，对反演映射作如下的规定与说明：

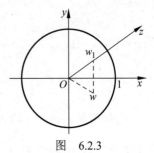

图　6.2.3

（1）规定反演映射 $w = \dfrac{1}{z}$，将 $z = 0$ 映成 $w = \infty$，将 $z = \infty$ 映成 $w = 0$；

（2）规定函数 $f(z)$ 在 $z = \infty$ 及其邻域内的性态可由函数 $\varphi(\zeta)$ 在 $\zeta = 0$ 及其邻域内的性态确定，其中 $\zeta = \dfrac{1}{z}$，$\varphi(\zeta) = f\left(\dfrac{1}{\zeta}\right)$.

### 6.2.3　分式映射的性质

**1. 共形性**

首先对 $w = \dfrac{1}{z}$ 进行讨论. 根据前面的规定,它在整个扩充复平面上是一一对应的.

当 $z \neq 0$ 和 $z \neq \infty$ 时，$w = \dfrac{1}{z}$ 解析且 $\dfrac{dw}{dz} = -\dfrac{1}{z^2} \neq 0$；当 $z = \infty$ 时，令 $\zeta = \dfrac{1}{z}$，则 $w = \varphi(\zeta) = \zeta$. 显然 $\varphi(\zeta)$ 在 $\zeta = 0$ 处解析，且 $\varphi'(0) = 1 \neq 0$，因此，除 $z = 0$ 外，映射 $w = \dfrac{1}{z}$ 是共形的. 至于 $w = \dfrac{1}{z}$ 在 $z = 0$ 点的共形性可由 $z = \dfrac{1}{w}$ 在 $w = \infty$ 点的共形性得到.

其次，再对 $w = az + b \ (a \neq 0)$ 进行讨论. 显然这个映射在扩充复平面上是一一对应的.

当 $z \neq \infty$ 时，$w = az + b$ 解析且 $\dfrac{dw}{dz} = a \neq 0$，因此该映射在 $z \neq \infty$ 时是保形的；

当 $z = \infty$ 时，令 $\zeta = \dfrac{1}{z}$，$\eta = \dfrac{1}{w}$，这时映射 $w = az + b$ 变换成

$$\eta = \frac{\zeta}{b\zeta + a}.$$

它在 $\zeta = 0$ 处解析，且 $\eta'(0) = \dfrac{1}{a} \neq 0$，因而 $\eta(\zeta)$ 在 $\zeta = 0$ 点是共形的，又 $\zeta = 0$ 时 $\eta = 0$，而 $w = \dfrac{1}{\eta}$ 在 $\eta = 0$ 是共形的，从而 $w = az + b$ 在 $z = \infty$ 是共形的. 综上所述，我们有下面的定理.

**定理 6.2.1** 分式线性映射在扩充复平面上是一一对应的，而且是共形的.

**2. 保圆性**

以下如无特别说明，我们均把直线作为圆的一个特例，即把直线看成半径是无穷大的圆. 在此意义下，分式线性映射具有把圆周映成圆周的性质，即具有保圆性.

首先，映射 $w = az + b$ $(a \neq 0)$ 是将 $z$ 经过平移、旋转和伸缩而得到像点 $w$，且对任一个 $z$，伸缩因子均为 $|a|$，旋转角均为 $\mathrm{Arg}\, a$，故 $w = az + b$ $(a \neq 0)$ 将圆周映成圆周，将直线映成直线，具有保圆性.

其次，映射 $w = \dfrac{1}{z}$，我们令 $z = x + \mathrm{i}y$，$w = u + \mathrm{i}v$，则由 $w = \dfrac{1}{z}$ 得到

$$x = \frac{u}{u^2 + v^2}, \qquad y = -\frac{v}{u^2 + v^2},$$

对 $z$ 平面上的任意给定的圆

$$A(x^2 + y^2) + Bx + Cy + D = 0 \qquad (A = 0 \text{时是直线}),$$

其像曲线方程为

$$D(u^2 + v^2) + Bu - Cv + A = 0 \qquad (D = 0 \text{时是直线}),$$

可以看出它仍是一个圆. 因此有如下定理.

**定理 6.2.2** 分式线性映射在扩充复平面上将圆周映射成圆周，即具有保圆性.

根据保圆性，容易知道：在分式线性映射下，如果给定的圆周或直线上没有点映成无穷远点，则像曲线必为半径为有限的圆周；否则像曲线必为直线，此外，再由一一对应可知，分式线性映射把 $z$ 平面圆周 $C$ 的内部区域，或者全部映射到 $w$ 平面像曲线 $\Gamma$ 的内部，或者全部映射到像曲线 $\Gamma$ 的外部.

### 3. 保对称性

分式线性映射，除了共形性与保圆性之外，还有所谓保持对称点不变的性质，简称保对称性.

为了证明这个结论，我们先来阐述对称点的一个重要性质.

**定理 6.2.3** 在扩充复平面上两点 $z_1$ 与 $z_2$ 是关于圆周 $C$ 的对称点的充要条件是通过 $z_1$ 与 $z_2$ 的任何圆周 $\Gamma$ 与 $C$ 正交.

**证** 如果 $C$ 是直线，或者 $C$ 为半径有限的圆周但 $z_1$ 与 $z_2$ 之中有一个点是无穷远点，则定理所得结论显然成立.

现在考虑圆周 $C$ 为 $|z-z_0|=R$ $(0<R<+\infty)$ ，且点 $z_1$ 与 $z_2$ 都是有限点的情形.

先证必要性. 设点 $z_1$ 与 $z_2$ 关于圆周 $C$ 对称，则通过 $z_1$ 与 $z_2$ 的直线（半径为无穷大的圆）显然与圆周 $C$ 正交. 作过点 $z_1$ 与 $z_2$ 的任一半径为有限的圆 $\Gamma$ (图6.2.4)，过 $C$ 的圆心 $z_0$ 作圆周 $\Gamma$ 的切线，切点为 $z'$ ，由对称点的定义，有

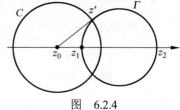

图 6.2.4

$$|z_1-z_0|\cdot|z_2-z_0|=R^2,$$

再由切割线定理有

$$|z_1-z_0|\cdot|z_2-z_0|=|z'-z_0|^2,$$

从而有 $|z'-z_0|=R$ ，这表明 $z'$ 在圆周 $C$ 上，$\Gamma$ 的切线为圆 $C$ 的半径，因此 $\Gamma$ 与 $C$ 正交.

再证充分性. 过点 $z_1$ 与 $z_2$ 作一个半径为有限的圆 $\Gamma$ ，与圆 $C$ 交于一点 $z'$ ，由于 $\Gamma$ 与 $C$ 正交，$\Gamma$ 在 $z'$ 的切线通过圆 $C$ 的圆心 $z_0$ ，显然，$z_1$ 与 $z_2$ 在该切线的同一侧，又过 $z_1$ 与 $z_2$ 作一直线 $L$ （半径为无穷大的圆），由于 $C$ 与 $L$ 正交，故 $L$ 通过 $C$ 的圆心 $z_0$ ，于是 $z_1$ 与 $z_2$ 在通过 $z_0$ 的一条射线上，由切割线定理得

$$|z_1-z_0|\cdot|z_2-z_0|=|z'-z_0|^2=R^2.$$

由对称点的定义可知 $z_1$ 与 $z_2$ 是关于圆 $C$ 的对称点.

**定理 6.2.4** 设点 $z_1$ 与 $z_2$ 关于圆周 $C$ 对称，则在分式线性映射下，它们的像点 $w_1$ 和 $w_2$ 关于 $C$ 的像曲线 $\Gamma$ 对称.

**证** 设 $\Gamma'$ 是过点 $w_1$ 和 $w_2$ 的任一圆周，则其原像 $C'$ 是过点 $z_1$ 与 $z_2$ 的圆周，由点 $z_1$ 与 $z_2$ 关于 $C$ 对称，有 $C'$ 与 $C$ 正交，由分式线性映射的保角性知 $\Gamma'$ 与 $\Gamma$ 正交，即过 $w_1$ 和 $w_2$ 的任一圆周与 $\Gamma$ 正交，因此 $w_1$ 和 $w_2$ 关于 $\Gamma$ 对称.

**例 6.2.1**　求区域 $D = \left\{ z : |z-1| < \sqrt{2}, |z+1| < \sqrt{2} \right\}$ 在映射 $w = \dfrac{z-\mathrm{i}}{z+\mathrm{i}}$ 下的像.

**解**　图 6.2.5(a) 区域 $D$ 的边界为 $C_1 + C_2$，$C_1$ 与 $C_2$ 在 i 点的夹角为 $\dfrac{\pi}{2}$，且映射将 $-\mathrm{i}$ 与 i 分别映射成 $\infty$ 和 $0$，因此由保角性和保圆性，像曲线 $\Gamma_1$ 和 $\Gamma_2$ 为从原点出发的两条射线，且在原点处的夹角为 $\dfrac{\pi}{2}$.

取 $C_1$ 与正实轴交点 $z = \sqrt{2} - 1$，像为

$$w = \frac{\sqrt{2} - 1 - \mathrm{i}}{\sqrt{2} - 1 + \mathrm{i}} = -\frac{\sqrt{2}}{2}(1 + \mathrm{i}).$$

由于 $w \in \Gamma_1$，而 $\mathrm{Re}(w) = \mathrm{Im}(w) = -\dfrac{\sqrt{2}}{2} < 0$，故 $\Gamma_1$ 为第三象限的角平分线. 又 $C_1$ 到 $C_2$ 在 i 点顺时针旋转 $\dfrac{\pi}{2}$，由保角性 $\Gamma_1$ 到 $\Gamma_2$ 在原点顺时针旋转 $\dfrac{\pi}{2}$，所求的像如图 6.2.5(b)所示.

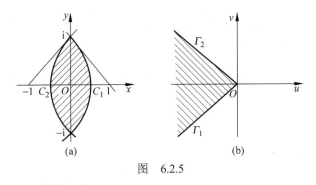

(a)　　　　　　　　　　(b)

图　6.2.5

### 6.2.4　唯一决定分式映射的条件

分式线性映射式(6.2.1)中含有四个常数 $a, b, c, d$. 但是，如果用这四个常数中的一个去除分子和分母，就可将分式中的四个常数化为三个常数，所以式(6.2.1)中实际上只有三个独立常数，因此，只要给定三个条件，就能确定一个分式线性映射.

**定理 6.2.5**　在 $z$ 平面上任意给定三相异点 $z_1$，$z_2$，$z_3$，在 $w$ 平面上也任意给定三相异点 $w_1$，$w_2$，$w_3$，则存在唯一的分式线性映射，将 $z_k\,(k=1,2,3)$ 依次映射成 $w_k\,(k=1,2,3)$.

**证**　设 $w = \dfrac{az+b}{cz+d}\,(ad-bc) \neq 0$，将 $z_k\,(k=1,2,3)$ 依次映射成 $w_k\,(k=1,2,3)$，

即

$$w_k = \frac{az_k + b}{cz_k + d} \quad (k = 1, 2, 3),$$

因而有

$$w - w_k = \frac{(z - z_k)(ad - bc)}{(cz + d)(cz_k + d)} \quad (k = 1, 2, 3),$$

$$w_3 - w_k = \frac{(z_3 - z_k)(ad - bc)}{(cz_3 + d)(cz_k + d)} \quad (k = 1, 2, 3),$$

由此推得

$$\frac{w - w_1}{w - w_2} \cdot \frac{w_3 - w_2}{w_3 - w_1} = \frac{z - z_1}{z - z_2} \cdot \frac{z_3 - z_2}{z_3 - z_1}. \tag{6.2.2}$$

这就是所求的分式线性映射，它是三对相异的对应点所确定的唯一的一个分式线性映射. 如果另有一分式线性映射 $w = \dfrac{\alpha z + \beta}{\gamma z + \delta}$ 也将 $z_k (k = 1, 2, 3)$ 依次映射成 $w_k (k = 1, 2, 3)$，则重复上述步骤，消去常数 $\alpha, \beta, \gamma, \delta$ 后仍得到式(6.2.2)，故式(6.2.2)是由三对相异的对应点所确定的唯一的一个分式线性映射.

式(6.2.2)称为对应点公式，它可以化为 $w = \dfrac{az + b}{cz + d}$ 的形式，还可以进一步化成如下形式：

$$w = k \frac{z - \zeta_1}{z - \zeta_2}, \tag{6.2.3}$$

其中，$k = \dfrac{a}{c}$，$\zeta_1 = \dfrac{b}{a}$，$\zeta_2 = \dfrac{d}{c}$.

分式线性映射式(6.2.3)把 $z$ 平面上的点 $z = \zeta_1$ 映射成 $w$ 平面上的点 $w = 0$，把 $z$ 平面上的点 $z = \zeta_2$ 映射成 $w$ 平面上的点 $w = \infty$，利用式(6.2.3)来确定分式线性映射有时更为方便.

### 6.2.5 两个典型区域间的映射

上半平面与单位圆域是两个非常典型的区域，而一般区域间的共形映射的构造大都是围绕这两个区域进行的. 因此它们之间的相互转换就显得非常重要. 下面通过例子来说明它们之间的映射.

**例 6.2.2**   求将上半平面 $\mathrm{Im}(z) > 0$ 映射成单位圆内部 $|w| < 1$ 的分式线性映射（图 6.2.6）.

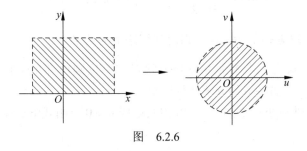

图    6.2.6

**解法 1**   这两个区域的边界分别为实轴与单位圆周. 根据唯一决定分式线性映射的条件，可在 $z$ 平面的 $x$ 轴上（半径为无穷大的圆周上）取三个互异点，再在 $w$ 平面的圆周 $|w| = 1$ 上取三个互异点，就可得到一个将实轴映射成单位圆的分式线性映射. 为了保证将上半平面映射到单位圆的内部，我们把上半平面看成以实轴为"圆周"的"圆"的内部，由保角性，相对于圆的内部区域而言，只要使得 $z$ 平面圆周上的三个点绕向 $z_1 \to z_2 \to z_3$ 与 $w$ 平面圆周上的三个点 $w_1 \to w_2 \to w_3$ 的绕向相同就可以了. 为此，我们在 $x$ 轴上任意取定三个点：$z_1 = -1$，$z_2 = 0$，$z_3 = 1$ 使它们依次对应于 $|w| = 1$ 上的三点：$w_1 = 1$，$w_2 = \mathrm{i}$，$w_3 = -1$，则由式(6.2.2)可得一个所求的分式线性映射

$$\frac{w-1}{w-\mathrm{i}} \cdot \frac{-1-\mathrm{i}}{-1-1} = \frac{z-(-1)}{z-0} \cdot \frac{1-0}{1-(-1)},$$

化简后得

$$w = -\mathrm{i}\frac{z-\mathrm{i}}{z+\mathrm{i}}, \tag{6.2.4}$$

如果仅要求把上半平面映射为单位圆，而不做其他限制的话，式 (6.2.4) 已经足够了，但这一问题本身可以有无穷多个解，它们与圆周上的三对点的选择有关. 下面给出的解法可以得到通解.

**解法 2**   在 $z$ 上半平面上任取一点 $\lambda$，使之映射到 $w$ 平面上的原点 $w = 0$. 由保对称性，$z = \bar{\lambda}$ 将映射成 $w = \infty$，由式(6.2.3)，所求映射具有如下形式：

$$w = k\frac{z-\lambda}{z-\bar{\lambda}} \quad (k \text{ 为待定的复常数}).$$

由于当 $z$ 在实轴上取值时 $\left|\dfrac{z-\lambda}{z-\bar{\lambda}}\right| = 1$，且对应的 $w$ 满足 $|w| = 1$，所以 $|k| = 1$，

即 $k = \mathrm{e}^{\mathrm{i}\theta}$ ($\theta$ 为任意实常数). 因此，所求映射的一般形式为

$$w = \mathrm{e}^{\mathrm{i}\theta}\frac{z-\lambda}{z-\bar{\lambda}} \quad (\mathrm{Im}(\lambda)>0, \theta \text{为实数}),\tag{6.2.5}$$

在式 (6.2.5) 中取 $\lambda = \mathrm{i}$，$\theta = \dfrac{\pi}{2}$，则得到解法 1 的结果.

**例 6.2.3** 求将上半平面 $\mathrm{Im}(z)>0$ 映射成单位圆内部 $|w|<1$，且满足条件 $w(2\mathrm{i})=0$，$\arg w'(2\mathrm{i})=0$ 的分式线性映射.

**解** 由条件 $w(2\mathrm{i})=0$ 知，$z=2\mathrm{i}$ 被映射成 $w=0$，由式(6.2.5)有

$$w = \mathrm{e}^{\mathrm{i}\theta}\frac{z-2\mathrm{i}}{z+2\mathrm{i}},$$

因为

$$w'(z) = \mathrm{e}^{\mathrm{i}\theta}\frac{4\mathrm{i}}{(z+2\mathrm{i})^2},$$

故有

$$w'(2\mathrm{i}) = \mathrm{e}^{\mathrm{i}\theta}\left(-\frac{\mathrm{i}}{4}\right),$$

$$\arg w'(2\mathrm{i}) = \theta - \frac{\pi}{2} = 0 \quad \left(\theta = \frac{\pi}{2}\right),$$

从而所求映射为

$$w = \mathrm{i}\frac{z-2\mathrm{i}}{z+2\mathrm{i}}.$$

**例 6.2.4** 求将单位圆内部 $|z|<1$ 映射成单位圆内部 $|w|<1$ 的分式线性映射.

**解** 在 $|z|<1$ 内任取一点 $\alpha$，使之映射到 $w=0$. 则与 $\alpha$ 对称于圆 $|z|=1$ 的点 $\dfrac{1}{\bar{\alpha}}$ 将被映射为 $w=\infty$. 因此，所求的映射具有如下形式：

$$w = k\frac{z-\alpha}{z-\dfrac{1}{\bar{\alpha}}} = -k\bar{\alpha}\frac{z-\alpha}{1-\bar{\alpha}z},$$

由于 $|z|=1$ 时 $|w|=1$，将 $z=1$ 代入上式，得

$$|w| = |k\bar{\alpha}|\left|\frac{1-\alpha}{1-\bar{\alpha}}\right| = |k\bar{\alpha}| = 1, \quad \text{于是}$$

$-k\bar{\alpha} = \mathrm{e}^{\mathrm{i}\theta}$ ($\theta$ 为任意实数)，故所求映射的一般形式为

$$w = \mathrm{e}^{\mathrm{i}\theta}\frac{z-\alpha}{1-\bar{\alpha}z} \quad (|\alpha|<1, \theta \text{为实数}).\tag{6.2.6}$$

**例 6.2.5**　求将单位圆内部 $|z|<1$ 映射成单位圆内部 $|w|<1$，且满足条件 $w\left(\dfrac{1}{2}\right)=0$，$w'\left(\dfrac{1}{2}\right)>0$ 的分式线性映射.

**解**　由条件 $w\left(\dfrac{1}{2}\right)=0$ 知，$z=\dfrac{1}{2}$ 被映射成 $w=0$，由式(6.2.6)有

$$w=\mathrm{e}^{\mathrm{i}\theta}\frac{z-\dfrac{1}{2}}{1-\dfrac{1}{2}z},$$

由此得

$$w'\left(\frac{1}{2}\right)=\mathrm{e}^{\mathrm{i}\theta}\frac{4}{3},$$

故由 $w'\left(\dfrac{1}{2}\right)>0$ 知 $w'\left(\dfrac{1}{2}\right)$ 为正实数，从而 $\arg w'\left(\dfrac{1}{2}\right)=0$，即 $\theta=0$. 所求的映射为

$$w=\frac{z-\dfrac{1}{2}}{1-\dfrac{1}{2}z}=\frac{2z-1}{2-z}.$$

## 6.3　几个初等函数所构成的映射

### 6.3.1　幂函数 $w=z^n$ $(n\geqslant 2,n\in Z)$

函数 $w=z^n$ 在复平面上解析，且当 $z\neq 0$ 时其导数不为零，因此在复平面上除去原点外，函数 $w=z^n$ 所构成的映射是共形映射.

为了讨论这个映射在 $z=0$ 处的性质，令 $z=r\mathrm{e}^{\mathrm{i}\theta}$，则 $w=r^n\mathrm{e}^{\mathrm{i}n\theta}$，即 $z$ 的模被扩大到 $n$ 次幂，辐角扩大 $n$ 倍. 为方便起见，我们仅对角形域（或扇形域）进行考虑，设有角形域 $0<\theta<\theta_0$，则对此域内任意一点 $z$，经映射后其像点 $w$ 的辐角 $\varphi$ 满足 $0<\varphi<n\theta_0$. 从这里可以看出，在 $z=0$ 处角形域的张角经映射后变成原来角的 $n$ 倍. 因此，当 $n\geqslant 2$ 时，映射 $w=z^n$ 在 $z=0$ 处没有保角性，然而当把一个角形域进行扩大的时候，却恰恰可以利用幂函数的这一特点.

此外，为了保证映射 $w=z^n$ 是一一对应的，应该对 $\theta_0$ 进行限制，即 $\theta_0$ 应满足 $\theta_0\leqslant\dfrac{2\pi}{n}$. 特别地，当 $\theta_0=\dfrac{2\pi}{n}$ 时，角形域 $0<\theta<\dfrac{2\pi}{n}$ 映射成沿正实轴剪开的 $w$

平面 $0 < \varphi < 2\pi$，它的一边 $\theta = 0$ 映射成 $w$ 平面正实轴的上岸 $\varphi = 0$，另一边 $\theta = \dfrac{2\pi}{n}$ 映射成 $w$ 平面正实轴的下岸 $\varphi = 2\pi$ (图 6.3.1).

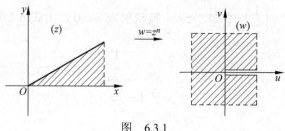

图　6.3.1

如果要缩小一个角形域，可以利用幂函数的反函数 $w = \sqrt[n]{z}$ 构成的映射. 令 $z = re^{i\theta}$，则 $w = \sqrt[n]{z}$ 有 $n$ 个相异的根：

$$w_k = r^{\frac{1}{n}}\left( \cos\frac{\theta + 2k\pi}{n} + i\sin\frac{\theta + 2k\pi}{n} \right) \quad (k = 0, 1, 2, \cdots, n-1),$$

可见根式函数 $w = \sqrt[n]{z}$ 有 $n$ 个分支，我们把 $k = 0$ 时所对应的分支称为主值支. 如果我们取根式函数 $w = \sqrt[n]{z}$ 主值支所构成的映射，则可以达到缩小角形域的目的，即可将角形域 $0 < \theta < n\theta_0 \left( \theta_0 \leqslant \dfrac{2\pi}{n} \right)$ 映射成角形域 $0 < \varphi < \theta_0$. 在本章中根式函数 $w = \sqrt[n]{z}$ 都取主值支.

**例 6.3.1**　求把角形域 $0 < \arg z < \dfrac{\pi}{4}$ 映射成单位圆内部 $|w| < 1$ 的一个映射.

**解**　$\xi = z^4$ 可将角形域 $0 < \arg z < \dfrac{\pi}{4}$ (图 6.3.2(a)) 映射成上半平面 $\mathrm{Im}(\xi) > 0$ (图 6.3.2(b))，又在式(6.2.5)中取 $\lambda = i$，$\theta = 0$，可知 $w = \dfrac{\xi - i}{\xi + i}$ 将上半平面映射成单位圆内部 $|w| < 1$(图 6.3.2(c))，因此所求的映射为

$$w = \frac{z^4 - i}{z^4 + i}.$$

**例 6.3.2**　求把区域 $0 < \arg z < 2\pi$（正实轴具有割痕的 $z$ 平面）映射成单位圆内部 $|w| < 1$ 的一个映射.

**解**　$\zeta = \sqrt{z}$ 把区域 $0 < \arg z < 2\pi$ 映射为上半平面 $\mathrm{Im}(\zeta) > 0$，$w = \dfrac{\zeta - i}{\zeta + i}$ 将上半平面 $\mathrm{Im}(\zeta) > 0$ 映射成单位圆内部 $|w| < 1$，故所求映射为 $w = \dfrac{\sqrt{z} - i}{\sqrt{z} + i}$.

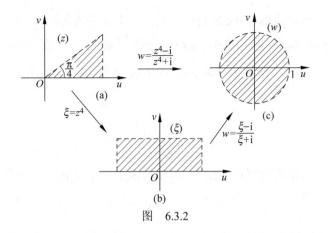

图 6.3.2

## 6.3.2 指数函数 $w = e^z$

函数 $w = e^z$ 在复平面上解析且导数不为零，因此它在复平面上构成的映射是共形映射. 设 $z = x + \mathrm{i}y$，$w = \rho e^{\mathrm{i}\varphi}$，则

$$\rho = e^x, \quad \varphi = y.$$

由此可知，$z$ 平面上的直线 $x = c$（$c$ 为实常数），被映射成 $w$ 平面上的圆周 $\rho = r$（$r$ 为实常数）；而直线 $y = c$（$c$ 为实常数），被映射成射线 $\varphi = c$（$c$ 为实常数）.

当实轴 $y = 0$ 平行移动到 $y = a$ $(0 < a \leqslant 2\pi)$ 时，带形域 $0 < \mathrm{Im}(z) < a$ 被映射成角形域 $0 < \arg w < a$. 特别地，带形域 $0 < \mathrm{Im}(z) < 2\pi$ 映射成沿正实轴剪开的 $w$ 平面 $0 < \arg w < 2\pi$ （图 6.3.3），在满足限制 $0 < a \leqslant 2\pi$ 的条件下映射是一一对应的.

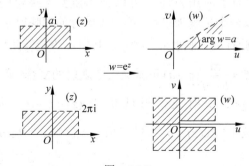

图 6.3.3

**例 6.3.3**　求把带形域 $0 < \mathrm{Im}(z) < \pi$ 映射成单位圆内部 $|w| < 1$ 的一个映射.

**解**　$\zeta = \mathrm{e}^{\mathrm{i}\theta}$ 将带型区域 $0 < \mathrm{Im}(z) < \pi$ 映射成上半平面 $0 < \arg\zeta < \pi$，即 $\mathrm{Im}(\zeta) > 0$；$w = \dfrac{\zeta - \mathrm{i}}{\zeta + \mathrm{i}}$ 将上半平面 $\mathrm{Im}(\zeta) > 0$ 映射成单位圆内部 $|w| < 1$，故所求映射为

$$w = \frac{\mathrm{e}^z - \mathrm{i}}{\mathrm{e}^z + \mathrm{i}}.$$

**例 6.3.4**　求把带形域 $0 < \mathrm{Re}(z) < b$ 映射成上半平面 $\mathrm{Im}(w) > 0$ 的一个映射.

**解**　$\xi = \dfrac{\pi\mathrm{i}}{b - a}(z - a)$ 可将带形域 $0 < \mathrm{Re}(z) < b$（图 6.3.4(a)）经平移、伸缩及旋转后映射成带形域 $0 < \mathrm{Im}(\xi) < \pi$（图 6.3.4(b)），再用映射 $w = \mathrm{e}^{\xi}$，就可以把带形域 $0 < \mathrm{Im}(\xi) < \pi$ 映射成上半平面 $\mathrm{Im}(w) > 0$（图 6.3.4(c)）. 因此所求的映射为

$$w = \mathrm{e}^{\frac{\pi\mathrm{i}}{b-a}(z-a)}.$$

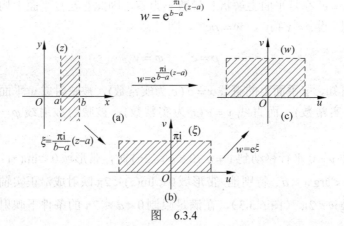

图　6.3.4

需指出的是，为了应用方便，可以把由复数 $k$ 决定的伸缩与旋转映射 $w = kz(k = r\mathrm{e}^{\mathrm{i}\theta})$ 分成两个步骤来进行，第一步施行伸缩映射 $\eta = rz$，其中 $r > 0$ 为伸缩系数；第二步施行旋转映射 $w = \mathrm{e}^{\mathrm{i}\alpha}\eta$，其中 $\alpha$ 为旋转角.

在例 6.3.4 中，$\xi = \dfrac{\pi\mathrm{i}}{b - a}(z - a)$ 可看成三个映射的复合：第一步平移 $\xi = z - a$ 将带形域 $0 < \mathrm{Re}(z) < b$ 映射成带形域 $0 < \mathrm{Re}(z) < b - a$；第二步伸缩映射 $\eta = \dfrac{\pi\mathrm{i}}{b - a}\xi$ 将带形域 $0 < \mathrm{Re}(z) < b - a$ 映射成带型区域 $0 < \mathrm{Re}(\eta) < \pi$；第三步旋转映射 $\xi = \mathrm{e}^{\mathrm{i}\frac{\pi}{2}}\eta = \mathrm{i}\eta$ 将带型区域 $0 < \mathrm{Re}(\eta) < \pi$ 映射成带型区域 $0 < \mathrm{Im}(\xi) < \pi$.

# 习题 6

**6.1** 试求映射 $w = z^2$ 在下列各点处的旋转角与伸缩率.

（1）$z = i$；　　　　　　　　　　　　（2）$z = 1$；

（3）$z = 1 + i$；　　　　　　　　　　　（4）$z = -3 + 4i$.

**6.2** 在映射 $w = iz$ 下，求下列曲线的像曲线.

（1）以 $z_1 = i$，$z_2 = -1$，$z_3 = 1$ 为顶点的三角形；

（2）圆 $|z - 1| = 1$.

**6.3** 在映射 $w = \dfrac{1}{z}$ 下，求下列曲线的像曲线.

（1）$x^2 + y^2 = 9$；　　　　　　　　　（2）$x = y$；

（3）$x = 1$；　　　　　　　　　　　　（4）$(x - 1)^2 + y^2 = 1$.

**6.4** 求下列区域在指定的映射下的像.

（1）$\mathrm{Re}(z) > 0$，$w = iz = i$；

（2）$x > 0, y > 0$，$w = \dfrac{z - i}{z + i}$；

（3）$0 < \mathrm{Im}(z) < \dfrac{1}{2}$，$w = \dfrac{1}{z}$；

（4）$\mathrm{Re}(z) > 1, \mathrm{Im}(z) > 0$，$w = \dfrac{1}{z}$；

**6.5** 求区域 $D = \left\{ z : |z| < 1, \mathrm{Im}(z) > 0 \right\}$ 在映射 $w = \dfrac{z + 1}{1 - z}$ 下的像.

**6.6** 求把上半平面 $\mathrm{Im}(z) > 0$ 映射成单位圆内部 $|w| < 1$ 的分式线性映射 $w = f(z)$，并满足条件：

（1）$f(i) = 0, f(-1) = 1$；

（2）$f(i) = 0, \arg f'(i) = 0$；

（3）$f(1) = 1, f(i) = \dfrac{1}{\sqrt{5}}$.

**6.7** 求把单位圆内部 $|z| < 1$ 映射成单位圆内部 $|w| < 1$ 的分式线性映射 $w = f(z)$，并满足条件：

（1）$f\left( \dfrac{1}{2} \right) = 0, f(-1) = 1$；

（2）$f\left( \dfrac{1}{2} \right) = 0, \arg f'\left( \dfrac{1}{2} \right) = 0$；

（3）$f(a) = 0, \arg f'(a) = \varphi$.

**6.8** 求分式线性映射 $w=f(z)$，它将圆内 $|z|<2$ 映射成右半平面 $\mathrm{Re}(z)>0$，且使得 $f(0)=1$.

**6.9** 求把区域 $D=\left\{z:|z|<1,\mathrm{Im}(z)>0,\mathrm{Re}(z)>0\right\}$ 映射成上半平面的一个映射.

**6.10** 求把区域 $D=\left\{z:0<\arg z<\dfrac{4\pi}{5}\right\}$ 映射成单位圆内部的的一个映射.

**6.11** 求把带形区域 $D=\left\{z:\dfrac{\pi}{2}<\mathrm{Im}(z)<\pi\right\}$ 映射成上半平面的一个映射.

**6.12** 求把区域 $D=\left\{z:|z|<2,|z-1|>1\right\}$ 映射成上半平面的一个映射.

# 第7章　MATLAB 在复变函数中的应用

MATLAB 是目前应用最广泛的工程计算软件之一. 本章利用 MATLAB 强大的数值计算和绘图功能, 使复变函数中的一些典型实例实现了计算机的数据自动计算和可视化. 从而使抽象、繁杂的内容具体化、简单化.

## 7.1 复数的运算

强大的数值计算功能是 MATLAB 软件的基础. 在 MATLAB 中, 复数 ($z = a + ib$, $i = \sqrt{-1}$)的实部、虚部、共轭复数和辐角都可以调用内部函数来计算. 而复数的乘除、开方、乘幂、指数、对数、三角运算也和其他语言一样. 下面我们来看几个具体的例子.

### 7.1.1 复数的实部、虚部、共轭复数和辐角

**例 7.1.1** 对下列复数进行化简, 并求它们的实部、虚部、辐角、模、共轭复数.

(1) $i^{10} + i^3 + i + 12$；　　　　(2) $\dfrac{(3+i)^2(1+i)^2}{(5+i)^3(2+i)^4}$；　　　　(3) $3 - 2i$；

(4) $i^{2012}$；　　　　　　　　　　(5) $\ln(\sqrt{5+i} + i)$.

**分析** 我们知道上面这几个复数的计算都比较简单. 但是, 我们在处理许多这样的问题的时候, 工作量随之增加. 利用 MATLAB 强大的矩阵运算功能可以使这些问题得到很好的解决. 利用简单的 MATLAB 语句: real( )、imag( )、angle( )、abs( )、conj( )可直接求出该复数的实部、虚部、辐角、模与共轭复数.

**解** 在 MATLAB 命令窗口输入如下复数矩阵:

```
>> A=[i^10+i^3+i+12 ((3+i)^2*(1+i)^2)/((5+i)^3*(2+i)^4) 3-2*i i^2012
log((5+i)^(1/2)+i)]
A =11.0000   0.0059 - 0.0014i   3.0000 - 2.0000i   1.0000   0.9393 + 0.4983i
>> real(A)        %复数矩阵 A 的实部
ans =          11.0000     0.0059     3.0000     1.0000     0.9393
>> imag(A)        %复数矩阵 A 的虚部
ans =          0    -0.0014    -2.0000         0     0.4983
>> angle(A)       %复数矩阵 A 的辐角
ans =          0    -0.2325    -0.5880         0     0.4877
>> abs(A)         %复数矩阵 A 的模
ans =          11.0000     0.0060     3.6056     1.0000     1.0632
>> conj(A)        %复数矩阵 A 的共轭复数
ans =
11.0000    0.0059 + 0.0014i   3.0000 + 2.0000i    1.0000   0.9393 - 0.4983i
```

从上例我们可以看出，利用 MATLAB 不仅可以求复数的加、减、乘、除，还可以求复指数、复对数等. 并且可以把它们的实部、虚部、共轭复数等都求出来. 当要处理很多这种问题时，我们还可以利用 MATLAB 强大的矩阵运算功能把这些复数构建成矩阵的形式一起解决.

### 7.1.2 复数的运算

**例 7.1.2** 计算 $ie^{\frac{1}{3}i}$ 和 $ie^{\frac{1}{3i}}$.

**分析** 在 MATLAB 中的乘除由"*"和"/"来实现.

**解** MATLAB 程序如下：

```
>> i*exp(1/3*i)
ans =
  -0.3272 + 0.9450i
>> i*exp(1/(3*i))
ans =
  0.3272 + 0.9450i
```

可见，MATLAB 程序中 i*exp(1/3*i) 和 i*exp(1/(3*i)) 是不相等的.

**例 7.1.3** 计算 $\sqrt[3]{-8}$.

**分析** 在实数域内，$\sqrt[3]{-8}=-\sqrt[3]{8}=-2$. 这时 $\sqrt[3]{-8}$ 就只取三值中的实值. 下面，我们分别按常规方法和利用 MATLAB 来计算此题.

**解** 因为 $-8=8(\cos\pi+i\sin\pi)$，故

$$(\sqrt[3]{-8})_k = \sqrt[3]{8}\left(\cos\frac{\pi+2k\pi}{3}+i\sin\frac{\pi+2k\pi}{3}\right) \quad (k=0,1,2),$$

当 $k=0$ 时，$(\sqrt[3]{-8})_0=\sqrt[3]{8}\left(\cos\frac{\pi+2k\pi}{3}+i\sin\frac{\pi+2k\pi}{3}\right)=2\left(\frac{1}{2}+\frac{\sqrt{3}}{2}i\right)=1+\sqrt{3}i$；

当 $k=1$ 时，$(\sqrt[3]{-8})_1=\sqrt[3]{8}\left(\cos\frac{\pi+2k\pi}{3}+i\sin\frac{\pi+2k\pi}{3}\right)=-2$；

当 $k=2$ 时，$(\sqrt[3]{-8})_2=\sqrt[3]{8}\left(\cos\frac{\pi+2k\pi}{3}+i\sin\frac{\pi+2k\pi}{3}\right)=1-\sqrt{3}i$.

利用 MATLAB 来计算：

```
>> (-8)^(1/3)
ans =
  1.0000 + 1.7321i
```

可见，对于多值函数，MATLAB 仅仅对其主值（$k=0$ 时）进行计算.

## 7.2　复变函数的图形

MATLAB 除了能进行符号运算和数值运算之外，还有非常强大的图形处理能力. 利用 MATLAB 这个强大的能力可以将复变函数以图形化的形式显示出来，以便于我们加深对复变函数的理解.

### 7.2.1　三角函数的图形

**例 7.2.1**　画出 $\sin z$ 和 $\cos z$ 的图形.

**解**　MATLAB 程序为：

```
>> z=4*cplxgrid(30);cplxmap(z,sin(z));colorbar('vert');
title('sin(z)')
>> z=3*cplxgrid(25);cplxmap(z,cos(z));colorbar('vert');
title('cos(z)')
```

仿真结果如下：

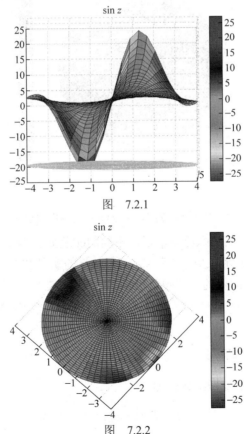

图　7.2.1

图　7.2.2

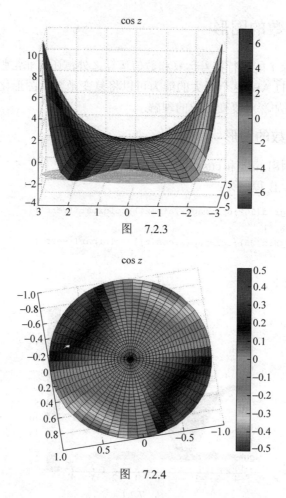

图　　7.2.3

图　　7.2.4

　　从图 7.2.1 和图 7.2.3 中可以看出，$f(z) = \sin z$ 和 $f(z) = \cos z$ 都是单值函数，虚部数值大小由图右侧的颜色条表示，不同的颜色处表示不同的函数值，相同的颜色处对应相同的函数值. 函数 $\sin z$ 和 $\cos z$ 的实部和虚部在区域中都可以大于 1，所以，它们的模的数值也可以大于 1. 在图 7.2.2 和图 7.2.4 中，从颜色的分布来看可知 $f(z) = \sin z$ 是关于原点对称的，$f(z) = \cos z$ 是关于虚轴对称的. 周期均为 $2\pi i$.

### 7.2.2　其他函数的图形

　　**例 7.2.2**　画出下列幂函数图形.

　　（1）$f(z) = z^3$；　　　　　　　（2）$f(z) = z^{\frac{1}{5}}$.

**解**　MATLAB 程序为：

```
>> z=cplxgrid(30);        %构建一个极坐标的复数数据网格
>> cplxmap(z,z^3);        %对复变函数做图
>> colorbar('vert');      %注各个颜色所代表的数值
>> title('z^3')           %给图加标题
>> z=cplxgrid(30);
>> cplxmap(z,z^(1/5));
>> colorbar('vert');
>> cplxroot(5);
>> title('z^(1/5)')
```

仿真结果如下：

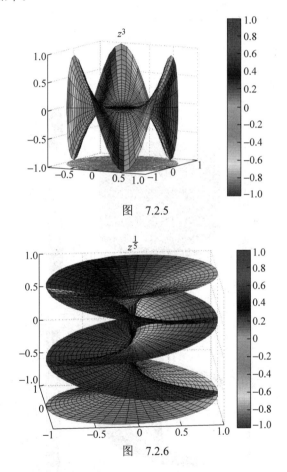

图　7.2.5

图　7.2.6

从图 7.2.5 可以看出函数 $f(z) = z^3$ 是一个单值函数，我们在阴影部分任取一点都存在唯一一点 $f(z)$ 与之对应. 从图 7.2.6 可以看出 $f(z) = z^{\frac{1}{5}}$ 是一个五值函数.

**例 7.2.3** 画出 $f(z) = \ln z$ 的图形.

**解** MATLAB 程序为:

```
>> z=cplxgrid(20);w=log(z);
>> for k=0:5
w=w+i*2*pi;
surf(real(z),imag(z),imag(w),real(w));        %作三维表面图
hold on
title('Lnz')
end
>> syms z
>> z=cplxgrid(20);w=log(z);
>> for k=0
w=w+i*2*pi;
surf(real(z),imag(z),imag(w),real(w));
hold on
title('Lnz')
end
```

仿真结果如下:

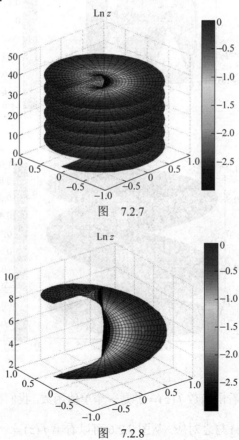

图 7.2.7

图 7.2.8

从图 7.2.7 中可以看出，$f(z)=\mathrm{Ln}\,z$ 是多值函数，如图中我们画出了它的 6 个单值解析分支，图 7.2.8 中我们画出了其中一个单值解析分支．

**例 7.2.4**　作出指数函数 $f(z)=\mathrm{e}^z$ 的图形．

**解**　MATLAB 程序为：

```
>> z=5*cplxgrid(30);
>> cplxmap(z,exp(z));
>> colorbar('vert');
>> title('e^z')
```

仿真结果如下：

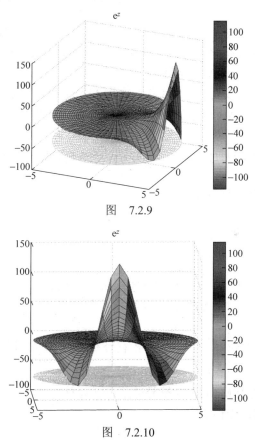

图　7.2.9

图　7.2.10

从图 7.2.9 可以看出 $f(z)=\mathrm{e}^z$ 是单值函数．我们知道实变函数 $f(x)=\mathrm{e}^x>0$ $(x\in R)$，但是复变函数中 $f(z)=\mathrm{e}^z>0$ 不一定成立．图 7.2.10 是图 7.2.9 的侧面图，从中我们可以看出复变函数中的 $f(z)=\mathrm{e}^z$ 可以为负数．以上图形可以帮助我们更容易地理解和掌握它们的性质、规律．

## 7.3  复变函数的微积分

复变函数的微积分包括极限、导数(包括偏导数)、符号函数的积分以及复数方程等,这些都可以通过 MATLAB 的符号运算工具箱来实现. 我们看下面几个具体的例子.

### 7.3.1  复变函数的极限

**例 7.3.1**  求下列极限:

（1）$\lim\limits_{z\to 0}\dfrac{\sin z}{z}$;       （2）$\lim\limits_{t\to\infty}t(1+z/t)^t$.

**分析**  一般求复变函数极限的时候,通常把复变函数的极限问题转化为它的实部和虚部的极限问题,再讨论这两个二元实变函数的极限问题. 但对于多数复变函数而言,写出它的实部和虚部比较复杂,比如:例 7.3.1(1)中用泰勒展开式证明的时候就比较复杂. 下面我们利用 MATLAB 求极限.

**解**  （1）MATLAB 程序如下:

```
>> syms z                        % 定义符号变量
>> f=limit((sin(z))/z,z,0)       % f 表示 sin(z)/z 以 z 为变量在 0 处的极限
f = 1
```

（2）MATLAB 程序如下:

```
>> syms z t
>> f=limit((1+z/t)^t,t,inf)      % limit 对函数求极限符号, inf 表示无穷大
f =                              % 对 f 求极限
exp(z)
```

从上例可以看出,当利用 MATLAB 求极限时我们只需要掌握几个常见的步骤:（a）定义变量;（b）列出 $f$;（c）对 $f$ 求极限.

**例 7.3.2**  $f(z)=\begin{cases}\dfrac{z}{|z|}, & z\neq 0,\\ 0, & z=0.\end{cases}$  试求 $f(z)$ 在 $z=0$ 点处的左右极限.

**分析**  首先利用 MATLAB 符号计算方法计算.

**解**  MATLAB 程序如下:

```
>> syms z
>> f1=limit(z/abs(z),z,0,'left')
f1 = -1
>> f2=limit(z/abs(z),z,0,'right')
f2 = 1
```

从运行的结果可以看出, 左极限为–1,右极限为 1,左右极限不相等,所

以 $f(z)$ 的极限不存在. 我们也可以通过 MATLAB 作图更加形象地理解它的性质. 下面利用 MATLAB 作图分析此题.

MATLAB 程序如下:

```
>> z1=-2:0.01:0;
   f1=z1/abs(z1);              %abs()表示绝对值符号
   zr=0:0.01:2;
   fr=zr/abs(zr);
   plot(z1,f1,zr,fr)
   axis([-2 2 -1.5 1.5])
```

仿真结果如下:

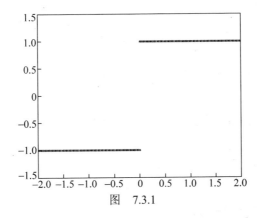

图　　7.3.1

观察图 7.3.1 可以清楚地看到, $z=0$ 是其间断点, 其右极限为 1, 左极限为 $-1$, 故 $f(z)$ 在 $z=0$ 处的极限不存在.

### 7.3.2　复变函数求导

**例 7.3.3**　试对下列函数求导.

（1）设 $f=z^9$, 求 $f$ 的导数 $f'$;

（2）试求表达式 $f(x,y)=x^3+4x^2y-y^2$ 的一阶导数和偏导数.

**分析**　上述两个例子在求导问题中具有一定的代表性（求一阶导数和偏导数）. 我们在解决复变函数求导问题的时候, 常常因为高次、多元而导致求导错误. 如果我们利用 MATLAB 来求导数, 我们只需要掌握几个命令. 比如: diff(f,z)表示 $f(z)$ 对 $z$ 求导, diff(dfdx,y)表示 $f$ 对 $x$ 求导后再对 $y$ 求导.

**解**　（1）MATLAB 程序如下:

```
>> syms z
>>  f(z)=z^9;
```

```
>> df(z)= diff(f,z)                          % f(z)对自变量 z 求导数
df(z)=
9*z^8
```

（2）MATLAB 程序如下：

```
>> syms x y
>>  f=x^3+4*x^2*y-y^2;
>> df=diff(f)
df =
3*x^2+8*x*y                                   % x是默认的自变量
>> df_dx=diff(f,x)
df_dx =
3*x^2+8*x*y
>> df_dy=diff(f,y)
df_dy =
4*x^2-2*y
>> df_dx_dy=diff(df_dx,y)
dfdxdy =
8*x
>> df_dy_dx=diff(df_dy,x)
df_dy_dx =
8*x
```

### 7.3.3　复变函数求积分

**例 7.3.4**　计算下列积分.

（1）计算积分 $\int_C (x+y+\mathrm{i}x^2)\mathrm{d}z$，积分路径 $C$ 是由 0 到 $1+\mathrm{i}$ 的直线段；

（2）计算积分 $f(z)=\int_{|z|=2} \dfrac{1}{(z+\mathrm{i})^9(z-1)(z-3)}\mathrm{d}z$.

**分析**　复积分的积分路径既可以是开曲线,也可以是简单闭曲线. 由于积分路径以及被积函数的差异，导致有些复积分的计算比较复杂. 但是利用 MATLAB 很容易计算复变函数的积分. 下面我们来看具体的例子.

（1）$C$ 的参数方程为：$z=(1+\mathrm{i})t, 0\leqslant t\leqslant 1, x=t, y=t, \mathrm{d}z=(1+\mathrm{i})\mathrm{d}t$,由参数方程法得：$\int_c (x+y+\mathrm{i}x^2)\mathrm{d}z=\int_0^1(t+t+\mathrm{i}t^2)(1+\mathrm{i})\mathrm{d}t$，下面我们利用 MATLAB 来求积分.

**解**　MATLAB 程序如下：

```
>> syms t
>> int((t+t+i*t^2)*(1+i),0,1)              % int 积分符号
ans =
2/3+4/3*i
```

（2）由题意可知 $f(z)$ 在积分路径 $C$ 有两个单极点 1、–3 和一个 9 级极点.
为了避开计算 9 级极点 –i 的留数. 可以改成求无穷远点的留数.

**解**　MATLAB 程序如下：

```
>> syms t z
>> z=2*cos(t)+i*2*sin(t);          % 建立积分路径 C 的参数方程
>> f2=1/(z+i)^9/(z-1)/(z-3);       % 输入被积函数 f(z) 的表达式
>> f2=int(f2*diff(z),t,0,2*pi)
f2 =
 -481/62500000*pi+1917/62500000*i*pi
f2 =
 -2.4178e-005 +9.6359e-005i
```

### 7.3.4　复变函数方程求解

利用 MATLAB 符号数学工具箱提供的命令 solve 求解方程，solve 函数的适
应性很强大. 但是我们在用 solve 求解方程时得到的精确表达式显得不是很直观.

**例 7.3.5**　求下列方程的根.

（1）$\ln(z^4 + 2z^3 + z^2 + 3) = 10$；

（2）$\cos(z + i) = 1/2$.

**分析**　可调用 MATLAB 的内部函数 solve 进行求解.

**解**　MATLAB 程序如下：

```
>> solve('log(z^4+2*z^3+z^2+3)=10')    % solve 表示对方程求根
ans =
    -1/2+1/2*(1+4*(exp(10)-3)^(1/2))^(1/2)
    -1/2-1/2*(1+4*(exp(10)-3)^(1/2))^(1/2)
 -1/2+1/2*i*(-1+4*(exp(10)-3)^(1/2))^(1/2)
 -1/2-1/2*i*(-1+4*(exp(10)-3)^(1/2))^(1/2)
>> solve('cos(z+i)=1/2')
ans =
-i+1/3*pi
```

## 7.4　留数的计算与泰勒级数展开

### 7.4.1　留数的计算

留数在复变函数中占有很重要的地位,比如积分计算可以转化为先求被积
函数的留数，再利用留数定理求被积函数的积分. 但是我们在求某些留数的时
候显得很难. 我们用下面方法来求留数.

### 1. 通过求极限的方法计算留数

如果已知孤立奇点 $z_0$ 和阶数 $n$，那么在 MATLAB 中计算函数的留数只需利用下面的命令即可：

```
R=limit(F*(z-z0),z,z0)                         % 单奇点的留数
R=limit(diff(F*(z-z0)^n,z,n-1)/prod(1:n-1),z,z0)   % n 阶奇点的留数
```

**例 7.4.1**  求函数 $f(z)=\dfrac{1}{z^4(z-\mathrm{i})}$ 在孤立奇点处的留数.

**分析**  由原函数 $f(z)=\dfrac{1}{z^4(z-\mathrm{i})}$ 可知，$z=0$ 是四阶极点，$z=\mathrm{i}$ 是一阶极点.

**解**  由 MATLAB 命令可求出这两个奇点的留数：

```
>> syms z
>> f=1/((z^4)*(z-i));
>> R1=limit(diff(f*(z-0)^4,z,3)/prod(1:3),z,0)
R1 = -1                    %原函数 z=0 处的留数
>> R2=limit(f*(z-i),z,i)
R2 = 1                     %原函数 z=i 处的留数
```

### 2. 调用 MATLAB 函数库中的 residue 函数直接计算

**例 7.4.2**  求函数 $f(z)=\dfrac{z+1}{2z^4+3z^3+5z}$ 的极点和留数.

**分析**  要用到的留数函数命令 $[r,p]=\mathrm{residue}[a,b]$ 中，$r$ 表示函数返回的是留数，$p$ 表示极点，$a$，$b$ 分别是 $f(z)$ 分子多项式和分母多项式的系数矩阵. 如果没有重根，留数返回到 $r$，极点返回到 $p$. 很显然函数 $f(z)=\dfrac{z+1}{2z^4+3z^3+5z}$ 没有重根.

**解**  MATLAB 程序如下：

```
>> [r,p]=residue([1,1],[2,3,0,5,0])
r =                       % 所求函数的留数
  0.0386
 -0.1193 - 0.0705i
 -0.1193 + 0.0705i
  0.2000
p =                       % 所求函数的极点
 -2.0786
  0.2893 + 1.0578i
  0.2893 - 1.0578i
      0
```

可见，当没有重根的时候,我们只需要输入一个函数命令就可以把留数、极点都计算出来.

## 7.4.2　泰勒级数展开

泰勒级数展开在复变函数中有很重要的地位. 对于某些解析函数，泰勒展开通常采用直接求泰勒系数、逐项求导、逐项积分和级数等方法. 这不仅计算工作繁杂，而且仅能得到展式的有限项. 泰勒展开的结果令我们不满意. 利用MATLAB 命令我们可以求函数指定点的泰勒展开式.

**例 7.4.3**　求下列函数在原点处的泰勒展开式.

（1）$\cos z$；　　　　　（2）$\sin z$；　　　　　（3）$\dfrac{e^z}{1-z}$ .

**分析**　$\cos z$，$\sin z$ 都是初等函数，显然解析. 因 $\dfrac{e^z}{1-z}$ 在 $|z|<1$ 内解析，故展开后的幂级数在 $|z|<1$ 内收敛. 利用命令 taylor(f(z),n,z,a)，其中 $n$ 表示前多少项，$z$ 表示自变量，$a$ 表示在 $z=a\,(a\in C)$ 点展开，我们可以根据需要决定展开前多少项.

**解**　MATLAB 程序如下：

```
>> syms z
>> taylor(sin(z),8,z,0)              % 展开级数的前 8 项
ans =
z-1/6*z^3+1/120*z^5-1/5040*z^7
>> taylor(cos(z),10,z,0)             % 展开级数的前 10 项
ans =
1-1/2*z^2+1/24*z^4-1/720*z^6+1/40320*z^8
>> syms z
>> taylor(exp(z)/(1-z),5,z,0)        % 展开级数的前 5 项
ans =
1+2*z+5/2*z^2+8/3*z^3+65/24*z^4
```

# 参 考 答 案

## 习题 1

**1.1** （1） $\operatorname{Re}(z)=\dfrac{3}{13}$，$\operatorname{Im}(z)=-\dfrac{2}{13}$，$\bar{z}=\dfrac{3}{13}+\dfrac{2}{13}\mathrm{i}$，$|z|=\dfrac{1}{\sqrt{13}}$，$\arg(z)=-\arctan\dfrac{2}{3}$；

（2） $\operatorname{Re}(z)=\dfrac{3}{2}$，$\operatorname{Im}(z)=-\dfrac{5}{2}$，$\bar{z}=\dfrac{3}{2}+\dfrac{5}{2}\mathrm{i}$，$|z|=\dfrac{\sqrt{34}}{2}$，$\arg(z)=-\arctan\dfrac{5}{3}$；

（3） $\operatorname{Re}(z)=-\dfrac{7}{2}$，$\operatorname{Im}(z)=-13$，$\bar{z}=-\dfrac{7}{2}+13\mathrm{i}$，$|z|=\dfrac{5\sqrt{29}}{2}$；

$\arg(z)=\arctan\dfrac{26}{7}-\pi$；

（4） $\operatorname{Re}(z)=1$，$\operatorname{Im}(z)=-3$，$\bar{z}=1+3\mathrm{i}$，$|z|=\sqrt{10}$，$\arg(z)=-\arctan3$.

**1.2** $x=1$，$y=11$.

**1.5** 不成立，例如 $z=\mathrm{i}$. 但当 $z$ 为实数时，等式成立.

**1.6** $1+|a|$.

**1.7** （1） 真；（2） 真；（3） 假；（4） 假；（5） 假；（6） 一般不真；（7） 真.

**1.8** （1） $\mathrm{i}=\cos\dfrac{\pi}{2}+\mathrm{i}\sin\dfrac{\pi}{2}=\mathrm{e}^{\frac{\pi}{2}\mathrm{i}}$；

（2） $-1=\cos\pi+\mathrm{i}\sin\pi=\mathrm{e}^{\pi\mathrm{i}}$；

（3） $1+\sqrt{3}\,\mathrm{i}=2\left(\cos\dfrac{\pi}{3}+\mathrm{i}\sin\dfrac{\pi}{3}\right)=2\mathrm{e}^{\frac{\pi}{3}\mathrm{i}}$；

（4） $1-\cos\varphi+\mathrm{i}\sin\varphi=2\sin\dfrac{\varphi}{2}\left[\cos\left(\dfrac{\pi}{2}-\dfrac{\varphi}{2}\right)+\mathrm{i}\sin\left(\dfrac{\pi}{2}-\dfrac{\varphi}{2}\right)\right]=2\sin\dfrac{\varphi}{2}\mathrm{e}^{\mathrm{i}\left(\frac{\pi}{2}-\frac{\varphi}{2}\right)}$；

（5） $\dfrac{2\mathrm{i}}{-1+\mathrm{i}}=\sqrt{2}\left(\cos\dfrac{\pi}{4}-\mathrm{i}\sin\dfrac{\pi}{4}\right)=\sqrt{2}\mathrm{e}^{-\frac{\pi}{4}\mathrm{i}}$；

（6） $\dfrac{\left(\cos5\varphi+\mathrm{i}\sin5\varphi\right)^{2}}{\left(\cos3\varphi-\mathrm{i}\sin3\varphi\right)^{3}}=\cos19\varphi+\mathrm{i}\sin19\varphi=\mathrm{e}^{19\varphi\mathrm{i}}$.

**1.9** （1） $z=z_{1}+A$，其中 $z=x+\mathrm{i}y$，$z_{1}=x_{1}+\mathrm{i}y_{1}$，$A=a+\mathrm{i}b$；

（2） $z=z_{1}(\cos\alpha+\mathrm{i}\sin\alpha)=z_{1}\mathrm{e}^{\mathrm{i}\alpha}$，其中 $z=x+\mathrm{i}y$，$z_{1}=x_{1}+\mathrm{i}y_{1}$.

**1.10** 模不变，辐角减小 $\dfrac{\pi}{2}$.

**1.14** （1） $-16\sqrt{3}-16\mathrm{i}$；

（2）$-8\mathrm{i}$；

（3）$\dfrac{\sqrt{3}}{2}+\dfrac{1}{2}\mathrm{i}$，$\mathrm{i}$，$-\dfrac{\sqrt{3}}{2}+\dfrac{1}{2}\mathrm{i}$，$-\dfrac{\sqrt{3}}{2}-\dfrac{1}{2}\mathrm{i}$，$-\mathrm{i}$，$\dfrac{\sqrt{3}}{2}-\dfrac{1}{2}\mathrm{i}$；

（4）$\sqrt[6]{2}\left(\cos\dfrac{\pi}{12}-\mathrm{i}\sin\dfrac{\pi}{12}\right)$，$\sqrt[6]{2}\left(\cos\dfrac{7\pi}{12}+\mathrm{i}\sin\dfrac{7\pi}{12}\right)$，$\sqrt[6]{2}\left(\cos\dfrac{5\pi}{4}+\mathrm{i}\sin\dfrac{5\pi}{4}\right)$.

**1.15** $n=4k\ (k=0,\pm1,\pm2,\cdots)$.

**1.16** （1）$1+\sqrt{3}\,\mathrm{i},-2,1-\sqrt{3}\,\mathrm{i}$；（2）$c_1\mathrm{e}^{-2x}+\mathrm{e}^{x}\left(c_2\cos\sqrt{3}x+c_3\sin\sqrt{3}x\right)$.

**1.17** $z$ 与 $-z$ 关于原点对称；$z$ 与 $\bar{z}$ 关于实轴对称；$z$ 与 $-\bar{z}$ 关于虚轴对称；先作点 $z$ 关于圆周 $|z|=1$ 对称的点 $w_1$，再作点 $w_1$ 关于实轴对称的点 $w$，则

$$w=\frac{1}{z}.$$

**1.18** （1）位于 $z_1$ 与 $z_2$ 连线的中点；

（2）位于 $z_1$ 与 $z_2$ 连线上，其中 $\lambda=\dfrac{|z-z_2|}{|z_1-z_2|}$；

（3）位于三角形 $z_1z_2z_3$ 的重心.

**1.21** （1）以 5 为中心，半径为 6 的圆周；

（2）中心在 $-2\mathrm{i}$，半径为 1 的圆周及其外部区域；

（3）直线 $x=-3$；

（4）直线 $y=3$；

（5）实轴；

（6）以 $-3$ 与 $-1$ 为焦点、长轴为 4 的椭圆；

（7）直线 $y=2$ 及其下方的平面；

（8）直线 $x=\dfrac{5}{2}$ 及其左方的平面；

（9）不包含实轴的上半平面；

（10）以 $\mathrm{i}$ 为起点的射线 $y=x+1\,(x>0)$.

**1.22** （1）不包含实轴的上半平面，是无界的单连通域；

（2）圆 $(x-1)^2+y^2=16$ 的外部区域（不包括圆周），是无界的多连通域；

（3）由直线 $x=0$ 与 $x=1$ 所构成的带形区域，不包括两直线在内，是无界的单连通域；

（4）由圆周 $x^2+y^2=4$ 与 $x^2+y^2=9$ 所围成的圆环域，包括圆周在内，是有界的多连通闭区域；

（5）直线 $x=-1$ 右方的平面区域，不包括直线在内，是无界的单连通域；

（6）由射线 $\theta=-1$ 及 $\theta=-1+\pi$ 构成的角形域，不包括两射线在内，即为一半平面，是无界的单连通域；

（7）中心在 $z=-\dfrac{17}{15}$，半径为 $\dfrac{8}{15}$ 的圆周的外部区域（不包括圆周本身在内），是无界的多连通域；

（8）椭圆 $\dfrac{x^2}{9}+\dfrac{y^2}{5}=1$ 及其围成的区域，是有界的单连通闭区域；

（9）双曲线 $4x^2-\dfrac{4}{15}y^2=1$ 的左边分支的内部（即包括焦点 $z=-2$ 的那部分）区域，是无界的单连通域；

（10）圆 $(x-2)^2+(y+1)^2=9$ 及其内部区域，是有界的单连通闭区域.

**1.25** （1）直线：$y=x$；

（2）椭圆：$\dfrac{x^2}{a^2}+\dfrac{y^2}{b^2}=1$；

（3）等轴双曲线：$xy=1$；

（4）等轴双曲线：$xy=1$（第一象限中的一支）；

（5）双曲线：$\dfrac{x^2}{a^2}-\dfrac{y^2}{b^2}=1$；

（6）椭圆：$\dfrac{x^2}{(a+b)^2}+\dfrac{y^2}{(a-b)^2}=1$；

（7）$x^2+y^2=\mathrm{e}^{\frac{2a}{b}\arctan\frac{y}{x}}$.

**1.26** （1）圆周：$u^2+v^2=\dfrac{1}{4}$；

（2）直线：$v=-u$；

（3）圆周：$\left(u-\dfrac{1}{2}\right)^2+v^2=\dfrac{1}{4}$；

（4）直线：$u=\dfrac{1}{2}$.

**1.27** （1）$w_1=-\mathrm{i}$，$w_2=-2+2\mathrm{i}$，$w_3=8\mathrm{i}$；

（2）$0<\arg w<\pi$.

# 习题 2

**2.2** （1）在直线 $x=-\dfrac{1}{2}$ 上可导，但在复平面上处处不解析；

（2）在直线 $\sqrt{2}x\pm\sqrt{3}y=0$ 上可导，但在复平面上处处不解析；

（3）在直线 $y=\dfrac{1}{2}$ 处可导，但在复平面上处处不解析；

（4）在复平面上处处可导，在复平面上处处解析.

**2.3** （1）在复平面上处处解析，$f'(z)=5(z-1)^4$；

（2）在复平面上处处解析，$f'(z)=6z^2+3\mathrm{i}$；

（3）除 $z=\pm\mathrm{i}$ 外在复平面上处处解析，$f'(z)=-\dfrac{2z}{(z^2+1)^2}$；

（4）除 $z=-\dfrac{d}{c}$ 外在复平面上处处解析，$f'(z)=\dfrac{ad-cb}{(cz+d)^2}$.

**2.4** （1）$0,\pm\mathrm{i}$；（2）$-1,\pm\mathrm{i}$；

**2.8** （1）$k\pi$；（2）$k\pi+\dfrac{\pi}{2}$；（3）$z=\ln 2+\mathrm{i}\left(\dfrac{\pi}{3}+2k\pi\right)$；

（4）$\left(2k+\dfrac{1}{2}\right)\pi\mathrm{i}$（各小题中均有 $k=0,\pm1,\pm2,\cdots$）.

**2.9** $n=l=-3$，$m=1$.

**2.10** $\left(2k-\dfrac{1}{2}\right)\pi\mathrm{i},-\dfrac{1}{2}\pi\mathrm{i}$，$\ln 5-\mathrm{i}\arctan\dfrac{4}{3}+(2k+1)\pi\mathrm{i}$.

**2.11** （1）$-\mathrm{i}\mathrm{e}$；（2）$\dfrac{\sqrt{2}}{2}\sqrt[4]{\mathrm{e}}(1+\mathrm{i})$；（3）$\mathrm{e}^{-2k\pi}(\cos\ln 5+\mathrm{i}\sin\ln 5)$；

（4）$\mathrm{i}\mathrm{e}^{-\left(2k+\frac{1}{2}\right)\pi}$（$k=0,\pm1,\pm2,\cdots$）.

**2.12** 不成立.

# 习题 3

**3.1** （1）$-1$；（2）$-1$；（3）$-1$.

**3.2** （1）$\mathrm{i}$；（2）$2\mathrm{i}$.

**3.3** $-\dfrac{1}{6}+\dfrac{5}{6}\mathrm{i}$.

**3.4** $\dfrac{4}{3}$.

**3.5** （1）$0$；（2）$0$；（3）$0$；（4）$2\pi\mathrm{i}$.

**3.6** 提示：在单位圆周上有 $\bar{z}=\dfrac{1}{z}$.

**3.7** $2\pi i$.

**3.8** （1）$2-e^{-\frac{\pi}{2}}-e^{\frac{\pi}{2}}$；（2）$-\dfrac{1}{2}\cos^2 1-\cos 1+\dfrac{3}{2}$；（3）$1+\sin 1-\cos 1-(\cos 1-\sin 1)i$；

（4）$\dfrac{1}{2}\left(\dfrac{\ln^2 2}{4}-\dfrac{\pi^2}{16}+i\dfrac{\pi\ln 2}{4}\right)$；（5）$\pi i-\dfrac{e^{-2\pi}-e^{2\pi}}{4}i$；（6）$\dfrac{19}{3}i$.

**3.9** （1）$\pi(e^{-\pi}+e^{\pi})i$；（2）$-\pi i$；（3）$-\pi i$；（4）$0$；（5）$4\pi^2 i$；（6）$\dfrac{\pi i}{12}$；

（7）$0$；（8）$0$.

**3.10** （1）$2\pi i$；（2）$0$；（3）$0$；（4）$0$；（5）$0$；（6）$0$（当$|a|>1$时）；$-i\pi\cos a$
（当$|a|<1$时）.

**3.11** 当$0<r<1$，$\dfrac{3\pi}{2}i$；当$1<r<2$，$-\dfrac{\pi}{2}i$；当$r>2$，$0$.

**3.12** （1）$2\pi i$；（2）$2\pi(1-\cos 1)i$；（3）$-\dfrac{1}{2}e^{-1}$；（4）$\pi\sin 1+(2\pi-\pi\cos 1)i$.

**3.13** 提示：$g(z)=u+iv$是解析函数，但$f(z)=v+iu$不是解析函数.

**3.14** $v=e^x\sin z$，$f(z)=e^z+C$.

**3.15** （1）$f(z)=(1-i)z^2+C$；（2）$f(z)=\dfrac{1}{2}-\dfrac{1}{z}$；（3）$f(z)=ze^z+(1+i)z+i$.

# 习题 4

**4.1** （1）收敛极限为$-1$；（2）收敛极限为$0$；（3）发散；（4）发散；
（5）收敛极限为$0$；（6）发散.

**4.3** （1）原级数收敛，但非绝对收敛；（2）原级数收敛，但非绝对收敛；
（3）原级数收敛，绝对收敛；（4）原级数发散；（5）原级数收敛，为绝对
收敛；（6）发散.

**4.4** 不可能

**4.5** （1）$R=1$；（2）$R=+\infty$；（3）$R=\dfrac{\sqrt{5}}{5}$；（4）$R=1$；（5）$R=0$；（6）$R=1$.

**4.7** （1）$1-z^2+z^4-\cdots+(-1)^n z^{2n}+\cdots,\ R=1$；

（2）$1-2z^2+3z^4-4z^6+\cdots,\ R=1$；

（3）$1-\dfrac{z^4}{2!}+\dfrac{z^8}{4!}-\dfrac{z^{12}}{6!}+\cdots,\ R=+\infty$；

（4）$z+\dfrac{z^3}{3!}+\dfrac{z^5}{5!}+\dfrac{z^7}{7!}+\cdots,\ R=+\infty$；

（5） $z - \dfrac{z^3}{3} + \dfrac{z^5}{5} - \cdots$ ， $R = 1$ ；

（6） $1 - z - \dfrac{1}{2!}z^2 - \dfrac{1}{3!}z^3 + \cdots$ ， $R = 1$ .

**4.8** （1） $\displaystyle\sum_{n=1}^{\infty} (-1)^{n-1} \dfrac{(z-1)^n}{2^n}$ ， $R = 2$ ；

（2） $\displaystyle\sum_{n=0}^{\infty} (-1)^n \left( \dfrac{1}{2^{2n+1}} - \dfrac{1}{3^{n+1}} \right)(z-2)^n$ ， $R = 3$ ；

（3） $\displaystyle\sum_{n=0}^{\infty} (n+1)(z+1)^n$ ， $R = 1$ ；

（4） $\displaystyle\sum_{n=0}^{\infty} \dfrac{3^n}{(1-3\mathrm{i})^{n+1}} [z-(1+\mathrm{i})]^n$ ， $R = \dfrac{\sqrt{10}}{3}$ ；

（5） $\displaystyle\sum_{n=0}^{\infty} \sin\left( \dfrac{n\pi}{2} + 1 \right) \dfrac{(z-1)^n}{n!}$ ， $R = +\infty$ ；

（6） $1 + 2\left( z - \dfrac{\pi}{4} \right) + 2\left( z - \dfrac{\pi}{4} \right)^2 + \dfrac{8}{3}\left( z - \dfrac{\pi}{4} \right)^3 + \cdots$ ， $R = \dfrac{\pi}{4}$ .

**4.10** （1） $\displaystyle\sum_{n=0}^{\infty} (-1)^{n-1} \dfrac{1}{2^{n+1}} (z-1)^n$ ， $\displaystyle\sum_{n=0}^{\infty} (-1)^{n-1} \dfrac{3^n}{(z-2)^{n+1}}$ ；

（2） $\displaystyle\sum_{n=1}^{\infty} nz^{n-2}$ ， $\displaystyle\sum_{n=1}^{\infty} (-1)^n (z-1)^{n-2}$ ；

（3） $\displaystyle\sum_{n=1}^{\infty} (-1)^n \dfrac{n}{(1+\mathrm{i})^{n+1}} (z-\mathrm{i})^{n-1}$ ， $\displaystyle\sum_{n=0}^{\infty} (-1)^n \dfrac{(n+1)(1+\mathrm{i})^n}{(z-\mathrm{i})^{n+2}}$ ；

（4） $\displaystyle\sum_{n=0}^{\infty} \dfrac{1}{n! z^{n-2}}$ ；

（5） $(2-z) - 4 + \dfrac{23}{6} \dfrac{1}{2-z} - \dfrac{79}{120} \dfrac{1}{(2-z)^2} + \cdots$ ；

（6） $1 - \dfrac{1}{z} - \dfrac{1}{2! z^2} - \dfrac{1}{3! z^3} + \dfrac{1}{4! z^4} + \cdots$ .

**4.12** （1） $0$ ；（2） $2\pi\mathrm{i}$ ；（3） $0$ ；（4） $2\pi\mathrm{i}$ .

# 习题 5

**5.1** （1） $z = 0$ ，一级极点； $z = \pm\mathrm{i}$ ，二级极点；

（2） $z = 0$ ，二级极点；

（3） $z = 1$ ，二级极点； $z = -1$ ，一级极点；

（4）$z=0$，可去奇点；

（5）$z=\pm i$，二级极点；$z_k=(2k+1)i\ (k=1,\pm2,\cdots)$，一级极点；

（6）$z=1$，本性奇点；

（7）$z=0$，三级极点；$z_k=2k\pi i\ (k=\pm1,\pm2,\cdots)$，一级极点；

（8）$z_k=e^{\frac{(2k+1)\pi i}{n}}\ (k=0,1,2,\cdots)$ 均为一级极点；

**5.4** 10 级极点.

**5.6** （1）$z=a$，$m+n$ 级极点；

（2）$z=a$，当 $m>n$ 时，$m-n$ 级极点；当 $m<n$ 时，$n-m$ 级零点；当 $m=n$ 时，可去奇点；

（3）$z=a$ 为极点，级数为 $m,n$ 中的大者，当 $m=n$ 时，$z=a$ 为极点，级数 $\leqslant m$，也可能是可去奇点.

**5.7** 不对. 因为孤立奇点的分类必须根据在这个奇点的邻域内的洛朗展式来决定，而题中的展式不是在 $z=1$ 的邻域内的洛朗展式.

**5.8** （1）$\mathrm{Res}\big[f(z),0\big]=-\dfrac{1}{2}$，$\mathrm{Res}\big[f(z),2\big]=\dfrac{3}{2}$；

（2）$\mathrm{Res}\big[f(z),0\big]=-\dfrac{4}{3}$；

（3）$\mathrm{Res}\big[f(z),i\big]=-\dfrac{3}{8}i$，$\mathrm{Res}\big[f(z),-i\big]=\dfrac{3}{8}i$；

（4）$\mathrm{Res}\Big[f(z),k\pi+\dfrac{\pi}{2}\Big]=(-1)^{k+1}\Big(k\pi+\dfrac{\pi}{2}\Big)\ (k=0,\pm1,\pm2,\cdots)$；

（5）$\mathrm{Res}\big[f(z),1\big]=0$；

（6）$\mathrm{Res}\big[f(z),0\big]=-\dfrac{1}{6}$；

（7）$\mathrm{Res}\big[f(z),0\big]=0$，$\mathrm{Res}\big[f(z),k\pi\big]=(-1)^k\dfrac{1}{k\pi}$，$k$ 为非零整数；

（8）$\mathrm{Res}\Big[f(z),\Big(k+\dfrac{1}{2}\Big)\pi i\Big]=1$，$k$ 为整数.

**5.9** （1）0;

（2）$4e^2\pi i$；

（3）当 $m$ 为大于零或等于 3 的奇数时，积分等于 $(-1)^{\frac{m-1}{2}}\dfrac{2\pi i}{(m-1)!}$；$m$ 为其他整数或 0 时，积分为零.

（4）$2\pi i$；

（5）$-12\mathrm{i}$；

（6）当$|a|<|b|<1$或$1<|a|<|b|$时，积分为零；当$|a|<1<|b|$时，积分等于

$$(-1)^{n-1}\dfrac{2\pi(2n-2)!\mathrm{i}}{\left[(n-1)!\right]^2(a-b)^{2n-1}}.$$

**5.10** （1）可去奇点，留数为0；

（2）本性奇点，留数为0；

（3）可去奇点，留数为$-2$.

**5.11** （1）$-\sinh 1$；

（2）0.

**5.12** （1）$2\pi\mathrm{i}$；

（2）$-\dfrac{2}{3}\pi\mathrm{i}$；

（3）当$n\neq 1$时，积分为0，当$n=1$时，积分为$2\pi\mathrm{i}$.

**5.13** （1）$\dfrac{\pi}{2}$；（2）$\dfrac{2\pi}{b^2}(a-\sqrt{a^2-b^2})$；（3）$\dfrac{\pi}{2}$；（4）$\dfrac{\pi}{2\sqrt{2}}$；（5）$\pi\mathrm{e}^{-1}\cos 2$；

（6）$\pi\mathrm{e}^{-1}$.

# 习题 6

**6.1** （1）$\theta=\dfrac{\pi}{2}$，$r=2$；（2）$\theta=0$，$r=2$；

（3）$\theta=\dfrac{\pi}{4}$，$r=2\sqrt{2}$；（4）$\theta=\pi-\arctan\dfrac{4}{3}$，$r=10$.

**6.2** （1）以$w_1=-1$，$w_2=-\mathrm{i}$，$w_3=\mathrm{i}$为顶点的三角形.

（2）圆域$|w-\mathrm{i}|\leqslant 1$.

**6.3** （1）$u^2+v^2=\dfrac{1}{9}$；（2）$u=-v$；（3）$\left(u-\dfrac{1}{2}\right)^2+v^2=\dfrac{1}{4}$；（4）$u=\dfrac{1}{2}$.

**6.4** （1）$\mathrm{Im}(w)>1$；（2）下半个单位圆$(\mathrm{Im}(w)<0),|w|<1)$

（3）$|w+\mathrm{i}|>1$，$\mathrm{Im}(w)<0$.

**6.5** $\mathrm{Re}(w)>1$；$\mathrm{Im}(w)>0$.

**6.6** （1）$w=-\mathrm{i}\dfrac{z-1}{z+1}$；（2）$w=\mathrm{i}\dfrac{z-\mathrm{i}}{z+\mathrm{i}}$；

（3）$w=\dfrac{3z+(\sqrt{5}-2\mathrm{i})}{(\sqrt{5}-2\mathrm{i})z+3}$.

**6.7** （1） $w = \dfrac{2z-1}{z-2}$ ; （2） $w = \dfrac{2z-1}{2-z}$ ;

（3） $\dfrac{w-a}{1-\bar{a}z} = \mathrm{e}^{\mathrm{i}\varphi}\left(\dfrac{z-a}{1-\bar{a}z}\right)$ .

**6.8** $w = -\dfrac{z-2\mathrm{i}}{z+2\mathrm{i}}$ .

**6.9** $w = \left(\dfrac{1+z^2}{1-z^2}\right)^2$ .

**6.10** $w = \mathrm{e}^{2\left(z-\frac{\pi}{2}\mathrm{i}\right)}$

**6.11** $w = \mathrm{e}^{2\left(z-\frac{\pi}{2}\mathrm{i}\right)}$ .

**6.12** $w = \mathrm{e}^{2\pi\mathrm{i}\left(\frac{z}{z-2}\right)}$ .

# 参 考 文 献

[1]  钟玉泉. 复变函数论[M]. 北京：高等教育出版社，2005.

[2]  西安交通大学高等数学教研室. 复变函数[M]. 北京：高等教育出版社，2005.

[3]  冯复科. 复变函数与积分变换[M]. 北京：科学出版社，2008.

[4]  刘子瑞，徐忠昌. 复变函数与积分变换[M]. 2 版. 北京：科学出版社，2008.

[5]  盖云英，包革军. 复变函数与积分变换[M]. 北京：科学出版社，2011.

[6]  刘子瑞. 复变函数与积分变换[M]. 武汉：湖北科学技术出版社，2003.

[7]  周本虎，瞿勇. Matlab 与数学实验[M]. 北京：中国林业出版社，2007.

# 参考文献

[1] ...
[2] ...
[3] ...
[4] ...
[5] ...
[6] ...
[7] ...